图解草莓高效栽培与病虫害防治

Strawberry

姜兆彤　张志宏　李　柱｜主编

中国农业出版社
北京

图书在版编目（CIP）数据

图解草莓高效栽培与病虫害防治 / 姜兆彤，张志宏，李柱主编 . -- 北京：中国农业出版社，2024.7
ISBN 978-7-109-31885-4

Ⅰ . ①图… Ⅱ . ①姜… ②张… ③李… Ⅲ . ①草莓－果树园艺－图解②草莓－病虫害防治－图解 Ⅳ .
① S668.4-64 ② S436.68-64

中国国家版本馆 CIP 数据核字 (2024) 第 072385 号

TUJIE CAOMEI GAOXIAO ZAIPEI YU BINGCHONGHAI FANGZHI

中国农业出版社出版
地址：北京市朝阳区麦子店街18号楼
邮编：100125
责任编辑：郭　科　孟令洋　任安琦
文字编辑：郭　科　张凌云
版式设计：刘亚宁　责任校对：吴丽婷　责任印制：王　宏
印刷：北京通州皇家印刷厂
版次：2024年7月第1版
印次：2024年7月北京第1次印刷
发行：新华书店北京发行所
开本：700mm×1000mm　1/16
印张：13.75
字数：260千字
定价：88.00元

目 录 Contents

第一章　草莓品种介绍

第二章　草莓优质高产栽培技术

第一章

草莓品种介绍

　　世界草莓栽培历史最早记载于 1368 年，目前育成的草莓品种有 2 000 多个，生产上常规栽培的草莓品种有 100 个左右。世界上草莓栽培模式各有特点，按照品种来源大致分为三类，分别为欧美、日本、中国草莓栽培模式。欧美草莓栽培模式主要以冷棚、露地栽培为主，草莓品种休眠深，生产上主要为美国、荷兰、西班牙等国家选育的品种。四季草莓品种多为欧美国家选育，具有抗病性强、硬度好、偏酸等特点，耐粗放管理，适合鲜食和加工，一般称为欧美品种。日本草莓栽培模式主要以冷棚、露地为主，草莓品种休眠较浅，适合反季节保护地栽培，栽培的品种具有果形美观、硬度中等、口感香甜、耐高温的特点，同时育苗期植株抗病性较差，结果期病害较多，一般称为日本品种。中国草莓栽培模式主要为日光温室、冷棚、露地三种，山东以北以日光温室、冷棚、露地为主，山东以南以冷棚、露地为主。我国目前栽培品种多为国外引进的日本品种和欧美品种，少量为我国自育的草莓品种。近几年，我国自育的草莓品种栽培面积逐步增加，形成了区别于欧美品种和日本品种的独有特点，一般称为中国品种。从世界范围来看，不同的栽培模式、不同地区栽培的品种也不同。

　　亚洲、欧洲、美洲是世界草莓属植物的起源中心，野生草莓属大约有 24 个种，其中我国分布 13 个种，包括 8 个二倍体种和 5 个四倍体种，二倍体种有森林草莓、黄毛草莓、五叶草莓、西藏草莓、中国草莓、绿色草莓、裂萼草莓、东北草莓，四倍体种有东方草莓、西南草莓、伞房草莓、纤细草莓、高原草莓。现代草莓栽培品种是野生草莓的杂交后代，属于凤梨草莓。

第一节
日本品种

红颜

/ 熟性 / 早熟

/ 来源 / 以幸香 × 章姬选育而成。辽宁省东港市草莓研究所 1999 年引进，音译为贝尼，俗称 99，是我国目前草莓栽培面积最大的品种。

/ 可溶性固形物 / 12%

/ 硬度 / 0.53kg/cm^2

/ 特征特性 / 植株直立，生长势旺盛，繁殖力中上等。叶片椭圆形，花序低于叶面。果实中长圆锥形，果面色深红，口味香甜。该品种休眠浅，成熟期早，综合性、商品性好。苗期高温季节不抗炭疽病，温室生产中抗白粉病，低温导致花粉稔性较差，授粉不良，同时结果期低温诱发果梗发红，俗称红梗病，影响产量。红颜在我国北方以日光温室促成栽培为主，在南方以冷棚栽培为主，是辽宁省东港市日光温室主栽品种，每亩①定植 10 000 株，亩产 4t 左右。

红颜

① 亩为非法定计量单位，1 亩 =1/15hm^2。——编者注

章姬

/ **熟性** / 早熟

/ **来源** / 日本静冈县农民育种家获原章弘以久能早生 × 女峰育成。1996 年辽宁省东港市草莓研究所引入，辽宁、山东、云南等地有栽培。

/ **可溶性固形物** / 9% ~ 14%

/ **特征特性** / 植株开张，生长势强，繁殖力中等，中抗炭疽病、白粉病，丰产性好。夏季高温季节叶片表现皱缩、黄化，类似感染病毒症状，定植到设施内上述症状消失。果实长圆锥形，个大，畸形果少，味浓甜、芳香，果色艳丽美观，柔软多汁，一级序果平均单果重40g，最大单果重 130g。我国北方以日光温室促成栽培为主，辽宁省东港市栽培每亩定植 9 000 株，亩产3.5t 左右。

章姬

幸香

/ **来源** / 日本农林水产省野菜茶业试验场久留米支场1987 年以丰香 × 爱美育成。1998 年引入我国，辽宁庄河、吉林、黑龙江等地有栽培。

/ **可溶性固形物** / 10% ~ 11%

/ **特征特性** / 植株生长势中等，叶片较小，叶色淡绿，植株新茎分枝多，花果量多。果实圆锥形，果色较丰香深红，味甜酸，香气浓。硬度好，耐储运，果个中大，均匀，一级序果平均单果重 20g 左右，最大单果重 42g。不抗白粉病，中抗炭疽病，适合温室半促成栽培，针对沙壤土起垄困难的问题，生产上多采取小垄栽培。我国北方以日光温室促成、半促成栽培为主，每亩定植 10 000 ~ 11 000 株，亩产 3.5t 左右。

幸香

佐贺清香

/ 来源 / 日本佐贺县农业试验研究中心于 1991 年设计大锦 × 丰香组合，1995 年以品系名佐贺 2 号在生产上进行试栽示范，1998 年命名为佐贺清香。

/ 可溶性固形物 / 10.2%

/ 特征特性 / 植株生长势及叶片形态与丰香有些相似。果实圆锥形，果面颜色鲜红色，富有光泽，美观漂亮。果实甜酸适口，香味较浓，品质优。温室栽培连续结果能力强，采收时间集中。山东省烟台市栽培面积较大。

佐贺清香

丰香

/ 熟性 / 早熟

/ 来源 / 日本农林水产省以卑弥乎 × 春香育成的品种。1985 年引入我国，20 世纪 80 ~ 90 年代是我国草莓主栽品种之一，2020 年全国只有少部分地区栽培。

/ 可溶性固形物 / 9% ~ 11%

/ 特征特性 / 植株开张健壮，叶片肥大，椭圆形，浓绿色，叶柄上有钟形耳叶，不抗白粉病。花序较直立，繁殖力中等。果实圆锥形，果面有棱沟，鲜红艳丽，口味香甜，味浓，肉质细软致密，硬度和耐储运性中等。一级序果平均单果重 32g，最大单果重 65g，亩产 2.5 t，休眠浅，宜温室和早春大棚栽植，每亩定植 8 000 ~ 9 000 株。

丰香

栃乙女

/ 来源 / 日本栃木县农业试验场栃木分场育成，亲本为久留米 49 号 × 栃峰。1998 年引入我国，2005 年辽宁省东港市引种并生产栽培，目前在北京昌平少量栽培。

/ 可溶性固形物 / 9% ~ 11%

/ 特征特性 / 植株生长势旺盛，繁殖力中等，叶浓绿，叶片大而肥厚，较抗白粉病，花量大小中等。果实圆锥形，鲜红色，肉质淡红，空心少，味香甜，果个较均匀，硬度好，耐储运性强。一级序果单果重 30 ~ 40g，亩产 2t 左右。低温时花粉稔性较差，坐果率降低。休眠浅，适合温室生产，每亩定植 9 000 ~ 11 000 株。

栃乙女

鬼怒甘

/ 熟性 / 早熟

/ 来源 / 日本栃木县宇都宫市农民渡边宗平等从女峰变异株中选育而成的品种。1996 年引入我国，至 2002 年前，该品种一度成为辽宁省东港市日光温室主栽品种之一，目前在我国青海及南方个别地区仍有少量栽培。

/ 可溶性固形物 / 9% ~ 10%

/ 特征特性 / 植株直立，生长势旺健，繁殖力强，耐高温，抗病能力中等。叶片长椭圆形，花果量大，花柄较粗长。果实圆锥形，果面橙红色，种子凹陷于果面，果肉淡红，口感香甜，风味浓，硬度中等。一级序果平均单果重 35g 左右，最大单果重 70g。休眠浅，适合温室栽植，每亩定植 8 000 ~ 9 000 株。

鬼怒甘

女峰

/ 来源 / 日本栃木县农试佐野分场 1970 年开始用春香、达娜、丽红为亲本反复杂交育成，1985 年引入我国，在辽宁省东港市试验栽培。

/ 可溶性固形物 / 10% 左右

/ 特征特性 / 植株大而直立，生长势强，匍匐茎抽生能力强，叶片椭圆形，深绿色有光泽。花序梗中等粗，较直立，低于叶面。果实圆锥形、深红色，种子分布均匀，微凹于果面，果皮韧性强，耐储运，果肉红色，酸甜适中，肉质细腻，适合鲜食，也可用作深加工。一级序果平均单果重 14g，最大单果重 42g，亩产 2t 左右。休眠浅，适合温室栽培，每亩定植 9 000 ～ 10 000 株。

女峰

春香

/ 来源 / 日本农林水产省野菜茶业试验场久留米支场 1964 年用促成 2 号 × 达娜育成，1980 年引入我国，在我国吉林省有栽培。

/ 可溶性固形物 / 6.31%

/ 特征特性 / 植株冠大直立，生长势强，匍匐茎抽生能力强，耐高温。叶片长椭圆形，叶色浅绿，花梗中等粗度，低于叶面，花芽形成早。果实圆锥形或楔形，果面光滑鲜红色，果肉粉红。种子黄绿，略凹入果面。可滴定酸含量为 0.68%，每 100g 果实含维生素 C 75.15mg。果实风味浓香，酸甜适口，品质优。果个中大均匀，平均单果重 18.3g。休眠浅，5℃以下低温 40h 可打破休眠。适合温室、早春大拱棚栽培，每亩定植 9 000 ～ 10 000 株。

春香

宝交早生

宝交早生

/ **熟性** / 中早熟

/ **来源** / 日本1957年以八云与达娜杂交育成。

/ **可溶性固形物** / 9.6%~10%

/ **特征特性** / 植株开张，生长势旺盛，繁殖力强，叶片椭圆呈匙形。果实圆锥至楔形，平均单果重10~12g，果面鲜红色，有光泽，果肉浅橙色和白色，质细软，风味甜，香气浓，汁多，种子红或黄色，多凹于果面，硬度中等。每100g果实含维生素C 49mg。不耐储运，抗灰霉病较差，不耐热。产量中等，一级序果单果重31g左右，亩产可达2t以上。适合温室和早春大棚栽植，每亩定植8 000~9 000株。休眠中等，优质，适应性广。以鲜食为主，是北方露地栽培主要品种，早春大棚半促成、促成早熟栽培均可，每亩定植8 000~9 000株。

红珍珠

/ **来源** / 日本品种，由爱莓×丰香育成，1999年引入我国，在辽宁省东港市试验栽培。

/ **可溶性固形物** / 8%~9%

/ **特征特性** / 植株开张，生长势旺盛，叶片肥大直立，匍匐茎抽生能力强，耐高温，抗病性中等，花序枝梗较粗，低于叶面。果实圆锥形，艳红亮丽，种子略凹于果面，味香甜，果肉淡黄色，汁浓，较软，是鲜果上市上乘品种，亩产2t左右。休眠浅，适合温室栽培，每亩定植8 000~9 000株。

红珍珠

明宝

明宝

/ **来源** / 日本兵库农业试验场用春香和宝交早生杂交育成，1982 年引入我国。

/ **可溶性固形物** / 8.7%

/ **特征特性** / 植株较直立，生长势较强，匍匐茎抽生能力中等。叶片长椭圆形，肥厚，花序梗中等粗，低于叶面。果实短圆锥形，鲜红色，光泽度高，种子分布均匀，平嵌入果面，果肉白色，髓心小，空洞小，橙红色，肉质细，稍软，汁多，酸甜适中，具芳香味。平均单果重 15g，最大单果重 40g，对白粉病及灰霉病抗性较强。休眠浅，适合温室反季节栽培，每亩定植 8 000 ~ 9 000 株。

丽红

/ **来源** / 日本千叶县农业试验场用春香自交系和福羽杂交育成，1983 年引入我国。

/ **可溶性固形物** / 10.2% ~ 11%

/ **特征特性** / 植株直立，生长势强，匍匐茎发生能力较强。叶片长椭圆形，较大，中等厚，深绿色，春夏季叶色稍带黄，单株叶片 13 ~ 14 片。花序梗粗，直立，低于叶面，单株花序 3 ~ 4 个，每花序平均 8 朵花。果实圆锥形，平均单果重 15 ~ 18g，最大单果重 30g，亩产 1.5t 以上。果面浓红色，光泽度高，种子分布均匀，微凹入果面，果皮韧性强，果肉淡红色，质地柔软，汁多，风味甜酸适中，有香气，维生素 C 含量为 451mg/kg。抗白粉病、炭疽病能力弱。适合温室及早春大棚栽培，每亩定植 8 000 ~ 9 000 株。

丽红

静宝

/ 来源 / 日本用久留米 103 号与宝交早生杂交育成，20 世纪 90 年代引入我国。

/ 可溶性固形物 / 10.2% ~ 11.6%

/ 特征特性 / 植株高而直立，生长势强，收获后半期由于结果负担而使株高降低，叶片变小，生长势转弱。抗病性中等，抗黄萎病，对白粉病、炭疽病、灰霉病的抗性中等。匍匐茎发生多，叶片长圆形，较大，单株叶数多。果实楔形，鲜红色，果肉红色，果心稍空，肉质细，汁多，香味浓。硬度中等，耐储运，但果色容易转暗色，适合鲜食和榨果汁。休眠浅，适合促成栽培，每亩定植 8 000 株。

静宝

桃熏

/ 熟性 / 早中熟

/ 来源 / 辽宁草莓科学技术研究院 2013 年从日本引进，是目前唯一具有桃香味的草莓品种，在我国各地少量栽培。

/ 可溶性固形物 / 10.4%

/ 硬度 / 0.35kg/cm^2

/ 特征特性 / 植株开张，生长势中等，叶片近圆形，颜色深绿。果实圆锥形，近似桃子形状，较软，果面黄粉红色，果肉白色，果实口味酸甜，成熟后桃香味浓郁。平均单果重 15g。该品种抗炭疽病、白粉病，匍匐茎抽生多，繁殖力强，植株连续结果能力强，生产期间不断果。适合日光温室栽培，是温室搭配栽培品种之一，在辽宁省东港市每亩定植 10 000 株，亩产 2t 左右。

桃熏

香野

香野

/ **熟性** /　早熟

/ **来源** /　日本三重县 2006 年育成，又名隋珠。2018 年辽宁草莓科学技术研究院引入东港栽培。

/ **可溶性固形物** /　12.5%

/ **特征特性** /　植株直立，生长势强健，株高在开花期和结果期都高于红颜，匍匐茎发生能力较强。叶片椭圆形，较大，鲜绿色，结果期单株叶片 6 ～ 8 片。花序梗粗，直立，高于叶面。果实圆锥形，最大单果重 50g。果面橙红色，果肉白色至淡黄色，果面光泽度中等，种子分布均匀，果皮韧性强，果肉红色，肉质细，致密，汁多，香味浓，髓心偶见中空，硬度较大。抗炭疽病、白粉病，湿度大易发生灰霉病。肥水需求量较大。休眠浅，适合温室栽培，每亩定植 8 000 ～ 9 000 株。

第二节
中国品种

丹莓 1 号

/ 熟性 /　中早熟

/ 来源 /　辽宁省东港市草莓研究所 2006 年以甜查理 × 红颜育成，2013 年辽宁草莓科学技术研究院组织审定，在辽宁、湖北、甘肃、云南等地有栽培。

/ 可溶性固形物 /　10.2%

/ 硬度 /　0.52kg/cm²

/ 特征特性 /　植株开张，生长势旺健，株高 25cm，叶色浓绿有光泽，叶片椭圆形，花序平于或高于叶面，果梗较粗，一级花序多从基部分生。休眠浅，生育期比甜查理晚 5～7d；匍匐茎抽生能力强，繁殖系数高，苗期抗病能力强；果实圆锥形，果形和红颜相似度达 90% 以上，果面亮红色，有光泽，果面平整，种子黄绿色，凹陷于果面，一级序果个大，整齐度高，平均单果重达 42g 以上，产量高，平均亩产可达 4 300kg；果实甜酸适口，果肉细腻，髓心实，耐储性好；高抗灰霉病、炭疽病，中抗白粉病，抗逆性强，品质优，适应性广；管理过程中应多施有机肥，适当控水。适合日光温室栽培，每亩定植 9 000～11 000 株。

丹莓 1 号

丹莓 2 号

/ 熟性 /　中熟

/ 来源 /　辽宁省东港市草莓研究所 2006 年以甜查理 × 红颜育成，在辽宁、山东、甘肃、新疆等地有栽培，其中辽宁省辽阳市栽培面积 3 万亩左右，当地农户俗称"长条"。

/ 可溶性固形物 /　9.6%

/ 硬度 /　0.55kg/cm^2

/ 特征特性 /　植株开张，长势旺健，平均株高 24cm，叶色浓绿有光泽，叶片近圆形，花序高于叶面。休眠浅，生育期比甜查理晚 7 ~ 10d；匍匐茎抽生能力强；果实长圆锥形，亮红色，有光泽，果面平整，种子黄绿色，凹陷于果面，一级序果个大，整齐度高，一级序果平均单果重 40g 以上，产量高，平均亩产 4 000kg 以上；果实甜酸适口，果肉细腻，髓心实，耐储性好，果实硬度好于丹莓 1 号；高抗灰霉病、炭疽病，中抗白粉病，抗逆性强，适应性广；喜肥水，管理过程中应多施有机肥。适合日光温室晚熟栽培，每亩定植 11 000 ~ 13 000 株。

丹莓 2 号

艳丽

/ 熟性 /　早熟

/ 来源 /　沈阳农业大学由 08-A-01× 栃乙女育成。2014 年通过辽宁省品种审定委员会审定，在辽宁、山东、甘肃、云南等地有栽培，其中辽宁庄河、山东临沂栽培面积较大。

/ 可溶性固形物 /　9.5%

/ 特征特性 /　植株半开张，生长势强，株高约 26cm，冠径 28cm×22cm。叶片大、革质平滑、圆形、深绿色。二歧聚伞花序，平于或高于叶面，单株花 10 朵以上，两性花。果实圆锥形，果形端正漂亮，果面平整，鲜红色，光泽度高。种子黄绿色平于或凹于果面，种子分布中等。果肉橙红色，髓心中等大小，橙红色，偶有空心。果实萼片单层翻卷。一级序果平均单果重 52g，最大单果重 116g。果实酸甜适口，维生素 C 含量为 630mg/kg，总糖含量为 7.9%，可滴定酸含量为 0.40%。抗灰霉病和炭疽病，中抗白粉病。适合日光温室促成和半促成栽培，每亩定植 9 000 ~ 10 000 株。

艳丽

京藏香

/ **熟性** / 早熟

/ **来源** / 北京市农林科学院林业果树研究所以早红亮为母本，红颜为父本杂交育成的品种，2013 年通过北京市林木品种审定委员会审定（良种编号：京S-SV-FA-025-2013），2010 年辽宁草莓科学技术研究院首次引入辽宁省东港市栽培、试验。

/ **可溶性固形物** / 9.8%

/ **特征特性** / 植株半开张，生长势较强，株高 25cm，冠径 23cm×20cm。叶片椭圆形，黄绿色，叶片厚度 0.59mm，叶缘锯齿钝，叶面革质粗糙，有光泽，叶柄长 6.7mm，单株着生叶片 8 ~ 9 片，花序分歧平于或低于叶面，两性花。果实圆锥形或楔形，红色有光泽，种子黄绿兼有，平于或凹于果面，种子分布均匀，果肉橙红色，花萼单层双层兼有，主贴副离。一级序果平均单果重 48g，最大单果重 110g。果实酸甜适口，果肉维生素 C 含量为 627mg/kg，还原糖含量为 4.7%，可滴定酸含量为 0.53%。适合日光温室促成和半促成栽培，每亩定植 9 000 ~ 10 000 株。

京藏香

红实美

/ **熟性** / 早熟

/ **来源** / 1998 年辽宁省东港市草莓研究所杂交选育，2005 年经辽宁省农作物品种审定委员会审定命名。

/ **可溶性固形物** / 8% ~ 9%

/ **硬度** / 0.55kg/cm²

/ **特征特性** / 植株半开张，生长势旺健，叶梗粗，叶片近圆形，浓绿肥厚有光泽，极抗白粉病，抗螨害，花梗粗壮，低于叶面，花瓣、花萼肥大，果实长圆锥形，色泽鲜红，口味香甜，果肉淡红多汁，具有东西方品种融汇特点，可以汽运至黑龙江及俄罗斯海参崴市，果个大而亮丽，一级序果平均单果重 45g，最大单果重超 100g，平均单株产量 400 ~ 500g，单株最高产量 1 500g。休眠浅，适合温室反季节栽培，每亩定植 8 000 ~ 9 000 株。

红实美

京泉香

京泉香

/ 熟性 / 早熟

/ 来源 / 北京市农林科学院林业果树研究所选育。

/ 可溶性固形物 / 9.4%

/ 硬度 / 2.12 kg/cm²

/ 特征特性 / 植株直立，生长势旺健，较抗病，匍匐茎抽生能力强，花序为副序多歧分枝，平于或高于株高。叶片近圆形、浓绿，叶鞘淡粉色，种子内嵌、黄色。果实中长圆锥形，酸甜适口，有香气，果面鲜红，抗灰霉病，抗蚜虫和红蜘蛛。适合日光温室促成栽培，每亩定植 9 000 ~ 10 000 株。

明旭

/ 来源 / 沈阳农业大学园艺系 1987 年用明晶和爱美杂交育成，1995 年通过辽宁省品种审定。

/ 可溶性固形物 / 9.1%

/ 特征特性 / 植株直立，生长势强，株高 30.6cm。叶片卵圆形，大而厚，绿色。花序梗粗而直立，花序与叶面等高，单株平均抽生花序 1.5 个，抽生匍匐茎能力强。果实近圆形，果面红色，着色均匀，果肉粉红色，肉质，香味浓，甜酸适口。种子均匀平嵌果面，萼片平贴，易脱萼，果皮韧性好，果实硬度中等，较耐储运。一、二级序果平均单果重 16.4g，最大单果重 38g，亩产 2t 以上。抗逆性强，尤其是抗寒性好，适合温室和露地栽培，每亩定植 9 000 株。

明旭

白雪公主

白雪公主

/来源/ 北京市农林科学院林业果树研究所、承德市农林科学院从自然实生种子中选出的白色草莓品种。

/可溶性固形物/ 9.3%

/特征特性/ 株型小，生长势中等偏弱。叶片绿色，花瓣白色。果实圆锥形，果面、果肉白色，强光下果面浅粉色。平均单果重15g。抗白粉病能力强。

星都1号

/来源/ 北京市农林科学院林业果树研究所1990年以全明星×丰香培育而成。

/可溶性固形物/ 9.5%

/特征特性/ 植株较直立，生长势强。叶椭圆形，绿色，叶片较厚，叶面平，尖向下，锯齿粗。单株花序6～8个，花朵总数为30～58朵。果实圆锥形，红色偏深，有光泽，果肉深红色，种子黄、绿、红兼有，分布均匀，花萼中大，果个较大，一级序果平均单果重25g，最大单果重42g。风味酸甜适中，香味浓，硬度大，耐储运，亩产1.5～2t。适合鲜食、制汁、制酱。适合半促成及露地栽培，每亩定植9 000～10 000株。

星都1号

星都 2 号

星都 2 号

/ 来源 / 北京市农林科学院林业果树研究所 1990 年以全明星 × 丰香培育而成。

/ 可溶性固形物 / 8.72%

/ 特征特性 / 植株较直立，生长势强。叶椭圆形，绿色，叶片厚中等。叶面平，尖向下，锯齿粗，叶面较粗糙，光泽度中等。花序梗中粗，低于叶面，单株花序 5 ~ 7 个，花朵总数为 40 ~ 52 朵。果实圆锥形，红色略深，有光泽，果肉深红色，风味酸甜适中，香味较浓，种子黄、绿、红色兼有，平或微凸，分布密，花萼单层双层兼有。一级序果平均单果重 27g，最大单果重 59g。果实硬度较好，鲜食和加工均可。为早熟、大果、丰产、耐储运品种。适合保护地及露地栽培，每亩定植 9 000 ~ 10 000 株。

春旭

/ 熟性 / 早熟

/ 来源 / 江苏省农业科学院 2000 年用春香和波兰引进草莓品种（品种不详）杂交育成。目前江苏设施栽培面积较大。

/ 可溶性固形物 / 11.2%

/ 特征特性 / 果实较大，一、二级序果平均单果重 15.0g，最大单果重 36.0g。果实圆锥形，果面鲜红色、光泽度高、较平整。果肉红色，细甜味浓，有香气，汁液多，品质优。果皮薄，耐储运性中等。丰产性好，设施条件下每亩产量为 1 757 ~ 2 199kg。植株耐热、耐寒性强，抗白粉病。早期产量高，适合大棚促成栽培。

春旭

林果四季

/ 熟性 / 早熟

/ 来源 / 北京市农林科学院林业果树研究所从国家草莓种质资源圃中选出的四季型品种。

/ 可溶性固形物 / 6.5%

/ 特征特性 / 生长势中庸，葡匐茎抽生能力弱。果实楔形，红色，平均单果重 11.2g，最大单果重 43g，果实外观较好，风味甜酸，有香气，适合草莓秋季生产和加工。春季果实硬度为 0.24kg/cm²，平均单株产量 143.6g，秋季果实硬度更大。若秋季加强管理，可填补 8 ~ 10 月草莓市场的空白。每亩定植 10 000 株。

林果四季

黔莓 1 号

/ 熟性 / 早熟

/ 来源 / 贵州省园艺研究所以章姬×甜查理育成。

/ 可溶性固形物 / 9.0% ~ 10.8%

/ 特征特性 / 植株高大健壮，生长势强，分蘖性中等；葡匐茎发生容易；花序连续抽生性好；果实圆锥形，鲜红色，果肉橙红色；口感好，风味酸甜适口。果实硬度较大，耐储运；平均单果重 26.4g，平均单株产量 290.4g，产量高，在贵州栽培亩产 2 000 ~ 2 200kg；耐寒性、耐旱性较强；抗白粉病、炭疽病能力强，抗灰霉病能力中等，栽培容易。

黔莓 1 号

黔莓2号

/ 熟性 / 极早熟

/ 来源 / 贵州省园艺研究所以章姬 × 甜查理育成。

/ 可溶性固形物 / 9.5% ~ 11%

/ 特征特性 / 植株高大健壮，生长势强，分蘖性强，匍匐茎发生容易；花序连续抽生性好；果实短圆锥形，鲜红色，果肉橙红色；果实香气浓郁，风味酸甜适口，口感佳；果实硬度较大，较耐储运；平均单果重25.2g，平均单株产量268.8g，产量高，在贵州栽培亩产1 800 ~ 2 000kg；耐寒性、耐热性及耐旱性较强；抗白粉病、炭疽病能力强，抗灰霉病能力中等。

黔莓2号

黔莓3号

/ 熟性 / 早熟

/ 来源 / 贵州省园艺研究所以章姬 × 燕香育成。

/ 可溶性固形物 / 9.8% ~ 11.2%

/ 特征特性 / 植株高大健壮，生长势强，叶大，黄绿色，分蘖性中等；匍匐茎发生容易；花序连续抽生性好；果实圆锥形，红色，果肉橙红色，髓心黄白色，略空。果实香甜，风味酸甜适口，果实硬度较大，较耐储运；平均单果重24.2g，平均单株产量255.8g，在贵州栽培亩产1 700 ~ 2 000kg；抗灰霉病、白粉病能力中等。

黔莓3号

黔莓 4 号

/ 熟性 /　早中熟

/ 来源 /　贵州省园艺研究所以（章姬 × 红颜）×HG 育成。

/ 可溶性固形物 /　10.8% ~ 11.5%

/ 特征特性 /　植株生长势强，高大健壮，分蘖性中等，匍匐茎发生容易；花序连续抽生性好；果实长圆锥形，未成熟时亮白色，成熟时鲜红色，色泽靓丽；果肉红白色，髓心白色，小，无空洞；果实香气浓郁，香甜爽口；平均单果重 25.3g，平均单株产量 285.7g，产量高，在贵州栽培亩产 1 800 ~ 2 100kg；抗灰霉病、白粉病能力中等。

黔莓 4 号

紫金丽霞

/ 熟性 /　早熟

/ 来源 /　江苏省农业科学院以甜查理 × 红颜育成。

/ 可溶性固形物 /　10.1%

/ 特征特性 /　果实圆锥形；果面平整，外观整齐；果色红至深红，光泽度高；果肉橙红色，肉质韧；风味甜酸至酸甜，香味佳；硬度高，耐储运；坐果率高，畸形果少。连续开花坐果性强，果大丰产，果个均匀，一、二级序果平均单果重 21.3g，亩产可达 3 000kg 左右；耐热，育苗容易；耐寒，冬季不易矮化；抗炭疽病和白粉病。该品种可以作为甜查理的替代品种进行推广种植。在南京及其周边地区促成栽培，9 月上旬定植，10 月上旬现蕾，10 月中下旬始花，11 月中下旬果实初熟，比当前主栽品种红颜和章姬早熟 2 ~ 3 周。

紫金丽霞

紫金早玉

/ 熟性 / 早熟

/ 来源 / 江苏省农业科学院以宁玉 × 爱知 6 号育成。

/ 可溶性固形物 / 11.1%

/ 特征特性 / 果实圆锥形；果面平整，红色；果肉橙红色，肉质韧；风味酸甜，香气浓郁，硬度高，耐储运；坐果率高，畸形果少。连续开花坐果性强，果大丰产，一、二级序果平均单果重 20.6g，经现场测算株产可达 393.3g，亩产可达 2 600kg 左右。耐热，育苗容易；耐寒，冬季不易矮化；抗炭疽病和白粉病。在江苏、山东等地已开始推广种植。在南京及其周边地区促成栽培，9 月上旬定植，10 月上旬现蕾，10 月中下旬始花，11 月中下旬果实初熟。

紫金早玉

紫金久红

/ 熟性 / 早熟

/ 来源 / 江苏省农业科学院以久 59-SS-1× 红颜育成。

/ 可溶性固形物 / 11.3%

/ 特征特性 / 株态适中、半直立，生长势强；花粉发芽率高，授粉均匀；平均花序长 15.8cm，每花序 9 ~ 12 朵花；匍匐茎抽生能力强。果实圆锥形、楔形；果面平整，红色，光泽度高，外观整齐；风味甜，香气浓郁，坐果率高，畸形果少；果大丰产，亩产 2 000kg。耐热、耐寒，较抗炭疽病和白粉病。在江苏、安徽等地已开始推广种植。在南京及其周边地区促成栽培，于 9 月上旬定植，10 月中旬现蕾，11 月底果实初熟。

紫金久红

宁玉

/熟性/ 极早熟

/来源/ 江苏省农业科学院以幸香 × 章姬育成。

/特征特性/ 株态佳，管理省工；果实圆锥形，亮红色，风味酸甜，香气浓郁；花粉活性强，坐果率高，畸形果少；硬度佳，耐储运；抗病性好，抗炭疽病和白粉病；匍匐茎抽生能力强，繁苗容易；产量高，亩产最高可达3 500kg。在江苏、山东、四川、云南和广东等近30个省份已规模栽种。在南京及其周边地区9月初定植，10月中下旬即可成熟上市。

宁玉

宁丰

宁丰

/熟性/ 早熟

/来源/ 江苏省农业科学院以达赛莱克特 × 丰香育成。

/特征特性/ 生长势旺盛，叶片肥厚；果实较大、端正，圆锥形，风味甜香；产量高，亩产最高可达3 200kg；抗性强，中抗炭疽病，高抗白粉病。在江苏、浙江、安徽、河南和广东等10余个省份已规模栽种，可替代章姬。在南京及其周边地区9月初定植，10月下旬即可成熟上市。

紫金四季

/ 来源 / 江苏省农业科学院以甜查理 × 林果育成。

/ 可溶性固形物 / 10.3% ~ 10.4%

/ 特征特性 / 日中性，夏季亦可正常开花结果，结果期为 11 月下旬至翌年 8 月；植株半直立，生长势强，花粉发芽力高；果实圆锥形、红色，果面平整，光泽度高，畸形果少，外观整齐；连续开花坐果性强，果大丰产，果个均匀；风味佳，酸甜浓郁；耐热，抗炭疽病、白粉病、灰霉病、枯萎病。在江苏、山东、辽宁和甘肃等 6 个省份已栽种。

紫金四季

紫金红

/ 熟性 / 中熟

/ 来源 / 江苏省农业科学院以红颜 ×03-01 育成。

/ 可溶性固形物 / 8% ~ 12%

/ 特征特性 / 花浅粉色，果实圆锥形，果实较大；果面红色，平整，色泽均匀；种子分布均匀；果肉浅粉色，果实硬度中等，风味甜，抗炭疽病，稳产性好，一般每亩产量约为 1 000 kg。适合设施促成栽培，用于鲜食兼观赏。在南京及其周边地区促成栽培，9 月中旬定植，10 月下旬始花，翌年 1 月上旬果实初熟。

紫金红

紫金粉玉

紫金粉玉

/ 熟性 / 极早熟

/ 来源 / 江苏省农业科学院以08-1-N-5×09-8-S-9育成。

/ 可溶性固形物 / 8% ~ 11%

/ 特征特性 / 果实圆锥形；果面平整，红色，光泽度高，外观整齐；果肉橙红色至红色，肉质韧；风味酸甜，香味佳，硬度高，耐储运；坐果率高，畸形果少；连续开花坐果性强，果个均匀，丰产，亩产可达2 000kg左右；耐热，育苗容易；耐寒，冬季不易矮化；抗炭疽病，较抗白粉病。适合设施促成栽培，用于鲜食兼观赏。在南京及其周边地区促成栽培，9月上旬定植，10月上旬现蕾，10月中下旬始花，11月下旬果实初熟，比当前主栽品种红颜早熟2周。

久香

/ 熟性 / 早熟

/ 来源 / 上海市农业科学院林木果树研究所以久能早生 × 丰香选育而成。2007年通过上海市农作物品种审定委员会审定。上海、山东部分地区有栽培。

/ 可溶性固形物 / 12%

/ 特征特性 / 植株生长势强，株型紧凑。果实圆锥形，一级序果平均单果重21.6g。结果早，丰产，果实风味浓郁。

久香

四公主

/来源/ 吉林省农业科学院果树研究所 1995 年以公四莓 1 号 × 戈雷拉选育而成的四季品种。

/可溶性固形物/ 9.2%

/特征特性/ 株高 22.6cm，冠径 35.7cm。叶片纵径 8.7cm，横径 8.7cm，叶片椭圆形或圆形，厚，绿色，有光泽。叶缘微向上，锯齿中粗、革质、粗糙。叶柄长 16.5cm，浅绿色，茸毛多。花序低于叶面，二歧分枝。两性花。果实楔形或圆锥形、红色，果面光滑，有光泽。一级序果平均单果重 22.3g，最大单果重 41.3g。果肉橘红色，味甜酸。果实硬度春季中等，有香气，秋季果肉较硬，富有香气。果实总糖含量为 8.31%，维生素 C 含量为 446.1mg/kg，品质上等。露地栽植 4 月上旬萌芽，5 月中旬开始开花，6 月中旬果实开始成熟，以后连续开花结果至 10 月初。露地栽植平均单株产量 521g，每公顷产量 37 500kg。

四公主

三公主

/来源/ 吉林省农业科学院果树研究所 2009 年以公四莓 1 号 × 硕丰选育而成的四季品种。

/可溶性固形物/ 8% ~ 15%

/特征特性/ 植株生长势中等，株高 18cm，冠幅 30cm×35cm。叶片椭圆形或圆形，厚，深绿色，有光泽。叶缘微向上，锯齿中粗、革质、粗糙。叶柄绿色。花序高于叶面，分枝部位较低。花两性，白色。葡匐茎绿色，葡匐茎上茸毛斜生，双节发生葡匐茎。一级序果平均单果重 23.3g，最大单果重 39g。果实楔形或圆锥形，果面有沟或无沟，红色，有光泽。种子分布均匀，黄色，平或微凸于果面。果肉红色，髓心较大，微有空洞。香气浓，味酸甜，品质上等。四季结果能力强，在温度适宜的条件下可常年开花结果。葡匐茎抽生能力强，分生新茎能力中等。露地栽培春、秋两季果实品质好。果实总糖含量为 7.01%，总酸含量为 2.71%，维生素 C 含量为 913.5mg/kg。丰产，抗白粉病，抗寒。在长春地区，露地栽植 4 月 5 日左右萌芽，5 月 11 日左右始花，6 月中旬果实开始成熟，秋季采收期可延续至 10 月上中旬。

三公主

四公主 2 号

/ 来源 / 吉林省农业科学院果树研究所 2006 年以全明星、公四莓 1 号为亲本杂交育成的四季品种。

/ 可溶性固形物 / 12.7%

/ 特征特性 / 株高 18cm，冠幅 28cm×32cm。叶片椭圆形或圆形，厚，深绿色，有光泽。叶缘微向上，锯齿中粗、革质、粗糙。叶柄浅绿色，叶柄茸毛多。花序低于叶面，二歧分枝。花两性。葡匐茎红色，双节发生葡匐茎，葡匐茎抽生能力强。分生新茎能力中等。一级序果平均单果重 24.2g，最大单果重 41g。果实楔形或圆锥形，果面光滑，红色，有光泽。种子分布均匀，红色或黄色，平或微凹于果面，萼片大，反卷，与髓心连接紧。果肉橘红色，髓心小，微有空洞。果实富有香气。果实总糖含量为 8.67%，总酸含量为 1.95%，维生素 C 含量为 895.4mg/kg。味甜酸，品质上等。生长势中等，四季结果能力强，在温度适宜的条件下可常年开花结果。平均单株产量 558g，亩产 2 555kg。在吉林省中部地区，露地栽植 4 月 5 日萌芽，5 月 15 日始花，6 月中下旬开始果实成熟，秋季果实采收期可延续至 10 月中旬。

四公主 2 号

华艳

/ 来源 /　中国农业科学院郑州果树研究所选育。

/ 可溶性固形物 /　12.6%

/ 特征特性 /　植株直立，生长势强，花粉发芽力高，授粉均匀，坐果率高，畸形果少。果实长圆锥形，果个均匀，红色，果面平整，光泽度强，种子分布均匀，果尖易着色。果肉红色，髓心红色；味道酸甜，香味浓，脆甜爽口，果实硬度大，耐储运。在郑州温室促成栽培，9月上旬定植，11月27日果实始熟，连续结果性强。适合促成栽培。果实适合鲜食。

华艳

中莓华硕

/ 来源 /　中国农业科学院郑州果树研究所选育。

/ 可溶性固形物 /　10.3%

/ 特征特性 /　植株直立，生长势旺盛，株高28.3cm，冠径37.2cm。果实长圆锥形，果面平整，中等红色，光泽度强，果肉细腻，味道酸甜，较耐储运。果个大，丰产性强，最大单果重71.9g。抗炭疽病。在郑州温室促成栽培，9月上旬定植，12月26日果实始熟。适合促成栽培。果实适合鲜食。

中莓华硕

中莓华丰

中莓华丰 ～～～～～～～～～～～～

/ 来源 / 中国农业科学院郑州果树研究所选育。

/ 可溶性固形物 / 10.2%

/ 特征特性 / 植株直立，生长势旺盛，株高 25.7cm，冠径 33.3cm。果实长圆锥形，果面平整，畸形果少，中等红色，光泽度强，果肉质地绵，味道酸甜，较耐储运。果个大，丰产性强，最大单果重 85.6g。抗炭疽病和白粉病。适合促成栽培。果实适合鲜食。

中莓华悦 ～～～～～～～～～～～～

/ 来源 / 中国农业科学院郑州果树研究所选育。

/ 可溶性固形物 / 13.6%

/ 特征特性 / 植株直立，生长势强，授粉均匀，坐果率高，畸形果少，果实长圆锥形，果个均匀，橙红色，果面平整，髓心空洞小，耐储运。早熟，在郑州地区温室促成栽培，9 月上旬定植，11 月 27 日果实始熟，连续结果性强。抗白粉病。适合促成栽培。果实适合鲜食。

中莓华悦

中莓华丹

/ 来源 / 中国农业科学院郑州果树研究所选育。

/ 可溶性固形物 / 12.4%

/ 特征特性 / 植株直立,生长势强,授粉均匀,坐果率高,畸形果很少,果实圆锥形,果个均匀,果面中等红色,果肉红色,髓心空洞小,光泽度强,连续结果能力强。在郑州地区温室促成栽培,9月上旬定植,12月5日果实始熟。适合促成栽培。果实适合鲜食。

中莓华丹

中莓3号

/ 来源 / 中国农业科学院郑州果树研究所选育。

/ 可溶性固形物 / 13.3%

/ 特征特性 / 植株生长势中等,为中间型。果实长圆锥形,果面平整,橙红或中等红色,光泽度高,果尖易着色,一级序果平均单果重28.3g,同一级序果果个均匀整齐。果肉颜色橙红,质地绵,肉细腻。果实风味酸甜适口,有香气,总糖含量为7.21%,总酸含量为0.48%,维生素C含量为0.56mg/g,较耐储运。郑州地区日光温室栽培,9月上旬定植,果实始熟期为12月中下旬,抗白粉病和灰霉病。适合促成和半促成栽培。果实适合鲜食。

中莓3号

中莓 1 号

中莓 1 号

/ 来源 /　中国农业科学院郑州果树研究所选育。

/ 可溶性固形物 /　10.5%

/ 硬度 /　3.5 kg/cm²

/ 特征特性 /　植株生长势中等，为中间型。果实圆锥形，无果颈，无裂果，果形一致，畸形果少，果面平整，橙红或鲜红色，光泽度高，萼下着色良好，果面着色均匀。一级序果平均单果重 30.7g，同一级序果果个均匀整齐。果肉白色，质地脆，肉细腻，纤维少，橙红色，空洞中等，果汁中多。果实风味酸甜，有香气，总酸含量为 0.64%，总糖含量为 6.82%，维生素 C 含量为 0.422mg/g，果实硬度大，耐储运。郑州地区日光温室栽培，9 月上旬定植，果实始熟期为 12 月中下旬，抗炭疽病和白粉病。适合促成和半促成栽培。果实适合鲜食。

第三节
欧美品种

甜查理

/ **熟性** / 早熟

/ **来源** / 美国品种，是目前我国栽培面积最大的欧美品种，俗称 R7、F3、法兰地。2009 年引入辽宁省东港市栽培，2020 年依然是日光温室主栽品种之一。

/ **可溶性固形物** / 8.2% ~ 9.5%

/ **硬度** / 0.52kg/cm²

/ **特征特性** / 植株直立，生长势强，叶片浓绿，椭圆形，叶密度大，有单枝果，每株草莓可以同时抽生 2 ~ 3 个花序，现蕾期株高 25cm，盛果期株高 26 ~ 28cm，采收结束期株高 30cm，不同生长阶段可以利用赤霉素刺激植株生长。果实圆锥形，果色鲜红，有光泽，酸甜适口。抗红蜘蛛。在东北地区早熟性优于红颜，适合日光温室栽培，每亩定植 12 000 株，亩产 4t 以上。

甜查理

杜克拉

/ 熟性 / 中早熟

/ 来源 / 西班牙草莓品种，别名弗吉尼亚、弗杰尼亚、弗杰利亚、A 果。北京三爱斯植物材料有限公司 1990 年从西班牙引入我国，1991 年引入辽宁省东沟县栽培，并成为当时日光温室主栽品种。

/ 特征特性 / 植株旺健，抗病性强，叶片较大，颜色鲜绿，繁殖力强。可多次抽生花序，在日光温室中可以从 12 月下旬陆续多次开花结果至翌年 7 月。果实为长圆锥形或长平楔形，颜色深红亮泽，味酸甜，硬度好，耐储运，鲜果汽运可达俄罗斯海参崴市。果个大，产量高，顶花序单果重 42g 左右，最大单果重可超过 100g。亩产 4t 以上，辽宁省东港市日光温室最高亩产纪录达 6t 多。适合温室栽培，鲜食加工兼可，每亩定植 9 000 ～ 11 000 株。

杜克拉

卡麦罗莎

/ 来源 / 美国 20 世纪 90 年代育成，别名卡麦若莎、卡姆罗莎、童子一号、美香莎。

/ 可溶性固形物 / 9% 以上

/ 特征特性 / 植株半开张，生长势旺健，匍匐茎抽生能力强，根系发达，抗白粉病和灰霉病，休眠浅，叶片中大，近圆形，叶色浓绿有光泽。果实长圆锥形或楔状，果面光滑平整，种子略凹陷于果面，果色鲜红并具蜡质光泽，肉红色，质地细密，硬度好，耐储运。口味甜酸，丰产性好，一级序果平均单果重 22g，最大单果重 100g，可连续结果采收 5 ～ 6 个月，亩产 4t 左右，为鲜食和深加工兼用品种。适合温室和露地栽培，每亩定植 10 000 ～ 11 000 株。

卡麦罗莎

托泰姆

/ **来源** / 美国育成品种，是美国和加拿大主栽品种之一。

/ **可溶性固形物** / 8% 以上

/ **特征特性** / 植株直立，生长势强，叶鲜绿色，叶片椭圆形，果柄粗壮，低于果面。果实深红色，粗圆锥形，硬度中等，口味酸甜。果个大而均匀，一级序果平均单果重 22g，最大单果重可超 100g，亩产 3t 以上，适合鲜食和深加工。可温室和露地栽培，每亩定植 9 000 ~ 10 000 株。

托泰姆

常得乐

/ **来源** / 美国 20 世纪 90 年代育成品种，别名常德乐，以 Douglas×Cal72.361-105(C55) 育成。

/ **可溶性固形物** / 9%

/ **特征特性** / 植株半开张，生长势稳健，抗病力强，叶色深绿，叶片近圆形，有光泽，花梗粗壮，低于叶面，果实深红色，圆锥形，硬度好，口味甜酸。一级序果平均单果重 18g，最大单果重 70g，亩产 3t 以上，是鲜食和深加工兼用品种。适合温室和露地栽培，每亩定植 10 000 株。

常得乐

达赛莱克特

/ 来源 /　法国达鹏种苗公司于 1995 年培育的品种，亲本是美国的派克与荷兰的爱尔桑塔。

/ 可溶性固形物 /　9% ~ 12%

/ 特征特性 /　植株较直立，生长势强，叶片多而厚，深绿色，对红蜘蛛抗性差，较抗其他病虫害。果实长圆锥形，果形整齐，大且均匀，一级序果平均单果重25 ~ 35g，最大单果重 90g。果面深红色，有光泽，果肉全红，质地坚硬，耐远距离运输。果实风味浓，酸甜适度。丰产性好。北方保护地栽培时常出现草莓果实种子发芽现象。保护地栽培亩产 3.5t，露地栽培亩产2.5t。休眠浅，适合露地栽培和温室促成、半促成栽培及冷棚栽培，每亩定植 10 000 ~ 11 000 株。

达赛莱克特

达善卡

/ 来源 /　法国品种，1993 年引入中国丹东。

/ 可溶性固形物 /　7% ~ 9%

/ 特征特性 /　植株生长势旺健，株型紧凑，叶色浓绿，繁殖力强，花序低于叶面，花梗粗壮，幼果期花梗直立，果实成熟后，花梗逐步下落到地面。花粉稔性和结实力稍差。果实圆锥形，果面紫红色，肉质鲜红，口味酸甜，硬度较好，果个中大均匀，一级序果平均单果重 25g 左右，最大单果重 32g，亩产 2t，是加工型品种。适合露地栽培，果实硬度好于哈尼，露地生产每亩保苗 3 万株。

达善卡

安娜

/ 来源 /　西班牙四季型品种，1999 年引入我国。

/ 可溶性固形物 /　7% ~ 9%

/ 特征特性 /　植株生长势中等，株型紧凑，繁殖力中等。果实长圆锥形或宽楔形，颜色亮红，味甜酸，硬度好，可周年结果。一级序果平均单果重 25g，最大单果重超 50g，亩产可达 1.5t 以上，是一年栽植两茬草莓或室内盆栽的理想品种。适合温室栽植，每亩定植 10 000 株。

安娜

苏珊娜

/ 来源 / 西班牙四季型品种，1991 年引入我国。

/ 可溶性固形物 / 7% ~ 9%

/ 特征特性 / 植株生长势旺健，叶片肥大，有光泽，繁殖力中等，抗病力强，果实短圆锥形或宽楔形，果色亮红，口味浓，可周年开花结果。果实中大，一级序果平均单果重 23g，最大单果重 50g，亩产 1.5 ~ 2t，硬度中等。适合温室栽培或室内盆栽，每亩定植 10 000 株。

苏珊娜

赛娃

/ 来源 / 美国品种，以 CA70.3-177×CA71.98-605 育成，1997 年引入我国。

/ 可溶性固形物 / 13.5%

/ 特征特性 / 果实大，平均单果重 31.2g，最大单果重 138.0g。果实阔圆锥形，果面鲜红色，光泽度较高，果面较平整，有少量棱沟。果肉橙红色，髓心中等大、心空。肉质细，甜酸，有香气，汁液多。四季品种，产量高。

赛娃

图得拉

/ 熟性 / 中早熟

/ 来源 / 西班牙 Planasa 种苗公司育成，亲本是派长乐。别名吐德拉、图德拉、土特拉、米塞尔。

/ 特征特性 / 植株生长势旺健，抗逆性较好，繁苗能力强，耐高温，能多次抽生花序。果实长圆锥形，果色深红亮泽，味酸甜，硬度中等，果个大而均匀。一级序果单果重 40g，最大单果重 98g，亩产 2 ~ 4t，鲜食加工兼用。适合温室栽培，每亩定植 9 000 ~ 11 000 株。

图得拉

卡尔特 1 号

卡尔特 1 号

/**熟性**/　中熟

/**来源**/　西班牙品种。别名 C 果、玛丽亚。

/**可溶性固形物**/　7% ~ 9%

/**特征特性**/　植株生长势强，休眠深，叶片较厚，呈椭圆形，叶缘锯齿浅，浓绿色，繁殖力较弱。果实圆锥形，果面鲜红，有光泽，肉质淡黄色，味芳香馥郁。硬度中等。一级序果单果重 35g 左右，最大单果重超过 100g，亩产 2t 以上，适合早春大棚生产，温室生产可在休眠至 12 月上旬后覆棚膜加温，也可露地生产。每亩定植 9 000 株。

艾尔桑塔

/**熟性**/　中熟

/**来源**/　荷兰品种。别名埃尔桑塔。

/**可溶性固形物**/　8% 左右

/**特征特性**/　生长势旺健，繁殖力较强，叶片肥厚浓绿，近圆形，叶缘翻卷向上，呈匙状。果实短圆锥形，个大且色艳，有细腻髓肉。味香甜，硬度中等，一级序果平均单果重 38g 左右，最大单果重 80g，亩产 2t 以上。适合早春大棚栽培，每亩定植 9 000 株。

艾尔桑塔

圣安德瑞斯

/ 熟性 / 极早熟

/ 来源 / 美国 2008 年育成的日中性品种，可周年结果。

/ 可溶性固形物 / 10% ~ 13%

/ 特征特性 / 植株小而紧凑，生长势较强。花芽分化能力强，可在结果期内持续结果。植株花序不分枝，不需疏花疏果。需冷量低，北京地区 12 月上旬可批量上市。结果期长，北京地区可结果至 6 月底。产量高，平均单株产量 700 ~ 800g。果实品质出色：颜色鲜红色，果实表面富有光泽，具有浓郁的草莓香味；果实圆锥形，等外果和畸形果的比例极低；果个大，平均单果重 35g，最大可达 110g；果实酸甜适口，果实硬度高，耐储运，货架期长。抗白粉病、灰霉病和红蜘蛛，对炭疽病、疫霉果腐病和黄萎病有很强的抵抗力。适合在促成栽培条件下以生产高档鲜食草莓为目标的种植者，管理简单，节省人工。

圣安德瑞斯

蒙特瑞

/ 来源 / 2008 年育成的日中性品种。

/ 特征特性 / 成花能力比阿尔比略强，结果模式与阿尔比相似，高产。植株旺盛，种植密度可以比阿尔比略小。果实比阿尔比略大，硬度稍小于阿尔比，平均单果重 33g，最大 60g。果实采后性状与阿尔比相似。果实品质极佳，回味非常甜，在所有美国加利福尼亚州的品种中独具特色。抗病性强。非常适合促成栽培以及夏（春）季栽培。

蒙特瑞

波特拉

/ 来源 / 美国强日中性品种。

/ 特征特性 / 适应性广。可用于一般的冬季生产体系，结果期比阿尔比略早。由于其很强的开花习性，该品种还能很好地适应春季及夏季种植体系。植株生长势旺盛，定植的密度可以比阿尔比略低。果实大小与阿尔比相近，颜色略浅，光泽度略好于阿尔比。采后品质与阿尔比相似，对雨水的耐受性比阿尔比略低。在整个结果期果实品质非常出色。抗病性强，不需特别注意。

波特拉

哈尼

/ 熟性 / 中熟

/ 来源 / 美国品种。1982 年由沈阳农业大学从美国引入我国，1985 年引入辽宁省东沟县栽培。

/ 可溶性固形物 / 8% ~ 10%

/ 特征特性 / 植株半开张，株高中等，叶色浓绿，叶面平展光滑，葡匐茎发生早，繁殖力高，适应性强，抗病能力好。一级序果熟期集中，果个中大均匀，果实圆锥形，果色紫红，肉质鲜红，味酸甜适中，硬度较好，耐储运。亩产 2t 左右，适合露地栽培，至 2020 年，一直是露地栽培主栽品种（加工型）。是深加工和速冻出口优良品种，每亩定植 11 000 株。

哈尼

爱莎

爱莎 ～～～～～～～～～～～～～～～～

/ 熟性 / 中早熟

/ 来源 / 意大利品种。2008 年辽宁省东港市草莓研究所引进，在辽宁省丹东市东港市、鞍山、辽阳等地栽培。

/ 可溶性固形物 / 10%

/ 特征特性 / 植株生长势健壮，抗病性强，休眠深。植株叶片厚，呈椭圆形，叶缘锯齿分明，叶片浓绿色。植株繁殖能力强。果实长圆锥形，有颈，果面颜色亮红，果实芳香馥郁。花萼翻卷，一级序果单果重 38g 左右，最大单果重 120g。亩产 2 500kg以上。适合早春大拱棚栽培，每亩定植 9 000 株。

第二章
草莓优质高产栽培技术

第一节
种苗繁育

草莓苗繁殖方法有匍匐茎分株繁殖、母株分株繁殖和组织培养繁殖。生产上通常采取匍匐茎育苗模式。春季定植母株，母株抽生匍匐茎落地生根形成子苗，子苗秋季定植。脱毒种苗保存与繁殖一般由科研单位完成，生产苗由草莓种植户、合作社、育苗企业自繁自育完成。优质的种苗是获得高产、优质、高效益的生产保障。本节主要介绍脱毒组培苗露地繁育及冷棚内高架基质繁育草莓苗技术。

一、脱毒组培苗繁育

（一）原原种苗

是指草莓植株经过接种、病毒检测、继代扩繁、生根、驯化并成活的草莓植株。通常情况下指从田间摘取定向植株的匍匐茎，经消毒后于无菌状态下切取标准生长点接种在培养基上，使其生长、分化、分生进而发育成草莓植株，然后通过脱毒技术手段，确认植株脱毒后，再经过移栽驯化而育成的草莓植株。

原原种苗获得过程：

1. 田间采取匍匐茎 北方地区一般在3—5月进行。在日光温室中选取开花早、果形整齐、产量高的结果母株，做好标记，等草莓植株抽生匍匐茎时开始以果定株摘取匍匐茎。摘取的匍匐茎放进方便袋保湿，尽快拿回实验室，放到冰箱冷藏备用。

2. 组培室接种准备 组培室包括药品（试剂）室、消毒制剂室、接种室和试管苗培养室。组培室内壁和地面应洁净、光滑，接种室和试管苗培养室密封良好，便于消毒。

药品（试剂）室应配有电冰箱、恒温箱、药品储藏柜、分析天平、白钢平台；消毒制剂室应有自来水、蒸馏水、高压灭菌釜、电炉、液化气罐、蒸锅、各种玻璃器皿、制剂分装平台及培养瓶架等；接种室应有超净工作台、解剖镜、接种刀、接种针、剪子、镊子、多层铝合金推车等；试管苗培养室应有钢制多层培养架，每架安装双排日光灯，室内屋顶安装紫外线灭菌灯，并配有立式空调，有温湿度记录仪。

白钢平台

分析天平

（1）培养基。培养基是植物组织离体培养的重要物质基础，草莓组培苗一般利用固体培养基。培养基一般选取 MS 培养基，附加部分根据不同阶段添加，植物生长调节剂主要有 6-BA（6-苄氨基嘌呤）、NAA（萘乙酸）、IAA（生长素）、GA_3（赤霉素）、IBA（吲哚丁酸）等。草莓茎尖诱导时可在 MS+6-BA 0.6mg/L+ GA_3 0.1mg/L+IBA 0.2mg/L 中进行；继代培养可在 MS+6-BA 0.5 ~ 1mg/L 中进行，瓶苗生根可在 1/2MS+IBA 0.2 ~ 1.2mg/L 或 1/2MS+IAA 0.5 ~ 1mg/L 中进行。蔗糖 30g/L，琼脂 7 ~ 8g/L。

（2）配制母液。母液分为基本培养基母液和植物生长调节剂母液。

母液配方

元素	浓度（mg/L）	元素	浓度（mg/L）
大量元素		钙盐	
硝酸钾（KNO_3）	1 900	氯化钙（$CaCl_2 \cdot 2H_2O$）	440
硝酸铵（NH_4NO_3）	1 650	铁盐	
磷酸二氢钾（KH_2PO_4）	170	乙二胺四乙酸二钠铁（$Na_2Fe\text{-}EDTA$）	37.3
硫酸镁（$MgSO_4 \cdot 7H_2O$）	370	有机成分	
微量元素		肌醇	100
碘化钾（KI）	0.83	维生素 B_1	0.1
硼酸（H_3BO_3）	6.2	烟酸	0.5
硫酸锰（$MnSO_4 \cdot 4H_2O$）	22.3	维生素 B_6	0.5
硫酸锌（$ZnSO_4 \cdot 7H_2O$）	8.6	甘氨酸	2
钼酸钠（$NaMoO_4 \cdot 2H_2O$）	0.25		
硫酸铜（$CuSO_4 \cdot 5H_2O$）	0.025		
氯化钴（$CoCl_2 \cdot 6H_2O$）	0.025		

基本培养基母液的浓度是培养基浓度的 10 倍、100 倍。无机盐类的母液可以在 2～4℃冰箱中保存。维生素等有机成分的母液要在冷冻箱内保存，在使用前取出，于温水中溶解后取用。

温馨提示

> 配制母液时，应该把 Ca^{2+} 与 SO_4^{2-}、Ca^{2+} 与 PO_4^{3-} 放在不同的母液中，以免发生沉淀。

一般情况下，大量元素、微量元素、有机成分、钙盐、铁盐分别配制母液。配制好的母液，在茶色瓶上注明母液号、配制倍数、日期。发现有霉菌或沉淀变质时，应该重新配制。

配制母液所用器皿

（3）制备培养基。取出母液并按顺序放好，有机成分母液经溶化待用。将洁净的各种玻璃器皿如量筒、烧杯、移液管和玻璃棒等放在指定位置；取一只烧杯，放入 1/3 左右（配制培养基总量的 1/3 左右）纯水，将母液按顺序加入，并不断搅拌；加入植物生长调节剂和蔗糖（30g/L），待糖溶解后定容；将定容的培养基倒入容器中，加入琼脂（7～10g/L），并加热使其完全溶解；用预先配好的氢氧化钠或稀盐酸调整 pH，将培养基分装到培养瓶中，装入量为培养瓶总容量的 1/5～1/3，封好瓶口；灭菌，用高压灭菌釜（121℃，15～20min）灭菌；灭菌后待高压灭菌釜温度降至 50℃以下时便可取出，冷却凝固后待用。

高压灭菌釜　　　　　　　　　　　　　　　灭菌车

（4）外植体灭菌与接种。冰箱内取出匍匐茎，剪取 5cm 左右的顶梢，剪去叶片，放到有孔的塑料筐内，用自来水冲洗干净，装到玻璃瓶内，拿到接种室待用。在超净工作台上，将70% 酒精倒入装有匍匐茎的玻璃瓶内浸泡 3～5s，用 0.1%～0.2% 氯化汞或 6%～8% 次氯酸钠灭菌 2～10min，用无菌水冲洗 3～4 次后，用解剖针或者尖镊剥去茎尖外面的幼叶和鳞片，露出生长点，切取 0.3～0.5mm 带有 1～2 个叶原基的茎尖，接种到预先制备好的培养基中，培养瓶中的诱导培养基为 MS+6-BA 0.3～0.5mg/L。

接种剪刀　　　　　　　　　　　　超净工作台

（5）离体培养。将已接种的培养瓶置于 25～28℃、光照度 2 000lx、每天光照 12h 的无菌培养室中（培养室常采用定期紫外线、熏蒸灭菌）。诱导时间 40～60d，外植体周围会产生很多小芽形成芽丛，接着芽丛萌发，约经 80d 瓶内无根苗可长到 3～4cm。

组培苗离体培养室

（6）继代培养及病毒检测（增殖培养）。将诱导出的丛生芽接到增殖培养基 MS+6-BA 0.2～0.4mg/L+IBA 0.01mg/L 中进行继代培养。当小芽长出叶片后，将带有叶片的小芽转移到成苗培养基上（BA 0.2mg/L，GA$_3$ 0.1mg/L，IBA 0.02mg/L，含蔗糖 30g/L、琼脂7g/L），大约培养 2 个月后分化成苗丛。从苗丛上剪取叶片进行病毒检测，淘汰感染病毒的苗丛，保留脱毒苗丛。温度、光照和其他管理如初代培养一样，一般 30d 左右可以继代分瓶一次，根据品种数量确定扩繁次数。要控制植物生长调节剂用量不宜过大，通常情况下

6-BA < 0.6mg/L、IBA < 0.01mg/L，继代 7 ~ 10 次，不能超过 10 次。

继代培养瓶苗

（7）生根培养。为促进继代苗生根，可用 MS+6-BA 0.1 ~ 0.2mg/L+ IBA 0.1 ~ 0.2mg/L 培养，20 ~ 30d 后，将生根大苗（高约 5cm）取出扦插，小苗继续培养，边扩繁边生根。

（8）移栽驯化。将生根后的瓶苗取出，洗净其根部培养基，扦插到温室内装有基质的穴盘中驯化。基质选用草炭土、珍珠岩、蛭石，比例为 4：2：1。扦插后，用小眼喷壶浇水，起拱，覆盖塑料薄膜，膜内空气湿度达到 100%，10d 后适当放风。驯化初期温度应控制在夜间 5 ~ 10℃，白天 25℃以下，苗生根前可以利用遮阳网覆盖，防止太阳光灼伤。草莓苗生根后温度根据移栽时间适当调整。穴盘土保持湿润，注意防虫防病，及时拔出杂草。组培苗扦插后，每天或隔天浇水，保持穴盘内土壤持水量 70% ~ 80%，经过 15d 后去掉薄膜。扦插成活后可叶面追施复合肥（N6.5%、P6%、K19%）2 ~ 3 次，1m² 床面浇灌 1.5kg 0.3% 复合肥。经过 2 个月后，可培养到具有 3 片以上新叶、根长达到 5cm 以上且不少于 5 条的标准原原种苗。

组培分株后扦插于穴盘的原原种苗

（9）病毒检测。脱毒原原种苗要在网室中保存，对原原种苗进行一次检测，淘汰感染病毒的植株。病毒检测对象：草莓镶脉病毒（*Strawberry vein banding virus*，SVBV）、草莓轻型黄边病毒(*Strawberry mild yellow virus*，SMYEV)、草莓斑驳病毒(*Strawberry mottle virus*，SMoV)。

病毒检测方法：利用 CTAB 法或商业出售的植物 RNA 提取试剂盒，从草莓植株提取总 RNA，采用 RT-PCR 技术对草莓植株是否感染 SVBV、SMYEV、SMoV 进行检测。取样部位为叶片。如果样品未检测到上述脱毒对象，且没有表现任何病毒病症状，则视为已经脱毒。

草莓病毒 PCR 检测引物序列及扩增产物大小

病毒名称	引物序列（5′→3′）	产物（bp）
草莓轻型黄边病毒（SMYEV）	P1: GTGTGCTCAATCCAGCCAG P2: CATGGCACTCATTGGAGCTGGG	271
草莓斑驳病毒（SMoV）	P1: TAAGCGACCACGACTGTGACAAAG P2: TCTTGGGCTTGGATCGTCACCTG	219
草莓镶脉病毒（SVBV）	P1: GAATGGGACAATGAAATGAG P2: AACCTGTTTCTAGCTTCTTG	278

原原种苗田间鉴定：原原种苗露地繁育期间，从 5 月开始，不定期进行田间巡查，发现表现异常如矮化、叶片皱缩发绿的植株直接拔除，秋季采取多点取样法将田间选取的子苗定植到日光温室进行生产鉴定，好则留之，劣则汰之。

> **温馨提示**
>
> 原原种苗原则上不能用作繁育秋季定植苗的母苗。原原种苗繁育的子苗定植到温室中，表现为花果量大，果实小，植株生长势强。因此，生产上一般不利用原原种苗直接繁育子苗结果。

（二）原种苗（露地繁育）

原种苗是指原原种苗经过田间繁育而生产的子苗，生产上也称为一代苗。原种苗需要原原种苗在每年繁育的过程中选取部分子苗进行结果鉴定，表现出品种优良特性的即可以留作第二年的种苗。春季莓农一般都是应用原种苗繁育生产苗，秋季定植进行生产。

原种苗

露地繁育的原种苗

原种苗匍匐茎抽生状态

（三）良种苗

良种苗是指原种苗经过田间繁育的无病虫害的健壮子苗。

二、露地裸根苗繁育

（一）育苗地条件

育苗地选择地势平坦、排灌方便、土壤肥沃、通透性好、土壤微酸性（pH 5.8 ~ 6.5）的地块。育苗地上茬可以是玉米、小麦、豆类和瓜类作物，上茬种过草莓、烟草、番茄、马铃薯又没有轮作其他作物的地块，不宜做草莓苗圃地。如果上茬玉米地应用了除草剂莠去津，经过深翻旋耕，可以作为育苗田。降水量较大的地区，育苗地选择地势较高的地块，防止高温雨季强降雨导致苗田被雨水浸泡。上茬是花生的地块，适合下茬繁育草莓苗。

育苗地土壤要求肥沃、平整、排水通畅

（二）育苗床整理

育苗地块选好后，清理田间上茬作物残株，在上冻前旋耕土地起垄做床。旋耕土地前，每亩施腐熟农家肥 1 500kg、复合肥 30kg，为了防治地下害虫可以加入氯氰·毒死蜱等杀虫剂，全层混施。畦面宽 1.5 ～ 1.8m，畦高 25cm，沟宽 30cm，畦面呈中间高两边低的龟背状。土地整理好后越冬，等翌年定植。不具备上述条件的，可以在翌年 3 月下旬至 4 月中旬，土壤解冻后，开始旋耕起垄做床，处理方法同上，床做好后，在床中间铺设草莓专用滴灌带。

（三）母苗定植及扣膜

1. 草莓母苗定植时间 母苗定植时间以 3 月 20 日至 4 月 20 日为宜，如果在 3 月 20 日前后定植，一是母苗需要提前准备，二是需要扣膜保温，三是上年育苗床要准备妥当。露地越冬的母苗，3 月 20 日不具备起苗条件（东北三省 3 月 20 日前土壤没有解冻）。露地育苗的母苗一般在上冻前移栽到早春大拱棚里越冬备用。

2. 母苗定植 母苗一般定植在畦中间，也可以在相邻畦的两边，母苗距离畦边 15 ～ 20cm。定植前铺供水主管道和垄间滴灌带（双眼，间距 10cm）。水源采用地下水、河水均可。栽培母苗时要选择晴朗无风的天气。母苗定植在畦中间的，定植前垄中间开沟 10cm 深，沟中每亩撒施磷酸二铵 10kg、辛硫磷颗粒 5kg，然后合垄。定植草莓苗时，利用移植铲挖 20cm 深、直径 15cm 的小土坑，干土栽培，压实苗根茎部位土壤，做到上不埋心、下不露根。定植的同时，起拱扣膜，使用 50cm 长的钢丝围成半圆，起拱在母苗的上方，拱内高度 15 ～ 18cm，宽度 20cm，钢丝上面覆盖 110cm 宽、0.01mm 厚的地膜或 0.04mm 厚的塑料膜，膜两边接触土壤的地方要用土壤压实，避免春季大风将膜吹开。定植结束后，滴灌给水，第一遍水要浇透，第 1 ～ 3 天，每天 3 遍水，第 4 ～ 6 天，每天 2 遍水，1 周后，每天 1 遍水。母苗在塑料膜保温保湿的条件下，叶片和根系生长很快，膜下叶片不需要喷雾防治病虫害，但是，要进行药剂滴灌根部。

起垄后垄中间铺设滴灌带　　　　　　　母苗定植在垄的中间

母苗定植后覆盖地膜，地膜用钢丝拱起来

　　繁育当年秋季栽培的生产苗，不同品种的繁育系数不同，母苗每亩定植株数也不同。繁育系数中等的红颜、章姬、佐贺清香、幸香等品种，每亩定植母苗 1 600 ~ 1 800 株，繁育系数高的甜查理、丹莓 1 号、丹莓 2 号、艳丽等品种，每亩定植母苗 1 000 ~ 1 200 株。原原种苗由于繁殖时间较长，由春到冬，一般每亩定植原原种苗 600 ~ 800 株即可。

　　草莓苗定植后，可适当喷施除草剂封闭裸露的地面。封闭药剂一般药效期 30d 左右。

　　4 月中下旬以后定植母苗，应采取穴盘苗定植，裸根苗不适合此时期定植（此时温度较高，定植裸根苗，成活率不高）。穴盘苗处理方式：每年 3 月上中旬，将原种苗老叶去掉、根系留 8 ~ 10cm 长剪断，然后装入营养钵或者穴盘中，集中摆放到冷棚内或者田间起的小拱棚内，浇水，进行低温管理，等 4 月中下旬，移植到大田繁育。移植方法：一是直接栽培法，苗床上刨坑后，干土定植，用脚将苗根际土踩实，然后滴灌浇水；二是覆盖黑色地膜法，草莓母苗定植后，床面覆盖黑色地膜，将垄面全部或者部分盖住，或者垄沟也覆盖黑色地膜。盖膜后将母苗掏出来，黑色地膜上覆盖 2 ～ 3cm 厚的土壤，膜下滴灌给水，黑色地膜宽 50cm 或者根据垄面宽决定。黑色地膜要压实，防止春风损坏黑色地膜。采取覆盖黑色地膜的方式，能起到保湿和防治杂草的作用。

> **温馨提示**
>
> 　　提高栽植成活率是培育草莓苗的关键，一定要注意栽植深度和缓苗期水分的管理。栽植过深，埋住苗心，不易发苗，且易引起腐烂；栽植过浅，则新茎外露，易引起秧苗干枯，不易成活。理想的栽植深度要使苗心不高于地表，即做到深不埋心、浅不露根。在栽植时应使根系舒展，不要团在一起，以利于根部生长发育。定植后每天滴灌浇水 2 ～ 3 次，直至缓苗后浇水次数方可减少。

营养钵苗栽植后封窝，覆盖地膜后适时打眼提苗

　　一般在 4 月 25 日，膜打孔透气。当白天温度达到 25℃以上时，膜内温度达到 35℃以上，容易发生日灼，可以打孔降温。5 月 1 日前后，可以揭掉地膜，及时中耕除草。覆盖黑色地膜的，黑色地膜不揭掉，一直盖到起苗为止。

> **温馨提示**
>
> 　　注意黑色地膜上面摊铺的土壤不均匀时会露出黑膜，在高温期间黑色地膜容易烫伤新抽生的匍匐茎。

　　春季如能采用早春大拱棚育苗，可以提前培育出生产苗。每年 2 月上旬可以在早春大拱棚内定植母苗，因为早春大拱棚增温保墒条件好，可以减少自然气候剧变的危害，所以可大大提高成活率和繁殖率，为温室提早栽培提供达到苗龄期的生产苗。一般在 6 月末，将早春大拱棚棚膜撤掉，培育健壮生产苗。但要注意保持棚内通风和湿度，防止干旱和高温烤苗。

早春大拱棚繁育子苗

（四）苗期管理

1. **子苗梳理及压蔓** 春季定植的母株，缓苗后不定期产生花蕾，要结合田间劳作，及时去掉抽生的花蕾，以免消耗营养，影响匍匐茎的发生。第一遍中耕除草，把植株抽生的匍匐茎及时梳理到合理的空间，使匍匐茎均匀分布。一般以从北到南的方向，以母苗为中心，围绕母苗 30°～ 35°开角排列子苗，第一子苗离母株 10cm 以外，子苗匍匐茎 2cm 处用草莓专用塑料卡固定，子苗间距 8 ～ 10cm，以后每次田间劳作，子苗都按照这个管理方法进行，这样可以使大小苗有序排列，节约空间，为秋季起苗的分级创造条件，并且有利于行间通风透气，有利于药剂充分喷施到植株间，在前期子苗不多的情况下，还有利于田间劳作。每亩保苗 3.5 万～ 4.5 万株。

围绕母苗 30°～ 35°开角排列子苗　　　　　　子苗用塑料卡固定

　　5月上旬开始抽生的匍匐茎，如果是繁育秋季生产苗，一般每株保留 5 ～ 6 株匍匐茎，每条匍匐茎保留 6 ～ 8 株子苗，其余的结合田间劳作摘除；如果是繁育种苗，保留母株抽生的匍匐茎，将子苗均匀排布即可。繁育生产苗的，匍匐茎单轴留苗，匍匐茎节间的弱苗去掉，保留健壮的子苗。

　　7月上中旬抽生的匍匐茎，苗龄一般达到 60d，到 9 月上旬，苗龄达到 120d 左右，这是培育健壮苗的关键。7 月下旬抽生的匍匐茎，生产田的要打尖，也可以喷施生长抑制剂抑制匍匐茎的发生。

　　2. 清理母株及剪除顶部叶片　7 月下旬，根据苗床苗的数量，确定机械除叶时间。草莓苗长满苗床后，每亩苗数达到 3.5 万株左右，株高达到 26cm 以上时，及时利用机械剪除顶部叶片，保留株高 20cm 左右，剪的叶片同时移出育苗地。子苗顶部叶片剪除后，透光性好，但要及时进行病害防治。

机械剪除顶部叶片，株高控制在 20cm 左右

　　8月初，母苗管理采取两种方式。一种是挖掉中间行的母株，把具有 3 片叶、根径 0.4cm 以上的子苗，移植到去除母苗的空闲地，均匀分布，用塑料卡固定好子苗。移植后及时浇水，喷施一遍生根剂和杀菌剂。另一种是利用机械或者镰刀割除母苗的老叶，只保留 2 ～ 3 片心叶，母株周边直径大约 15cm 的空闲区域移栽子苗，能够充分利用母苗占据的多余空间。剪叶期间注意天气情况和病害的防治。

剪除较高的叶片后，清理掉中间母株的叶片，有利于行间通风透气

3. 肥水管理 草莓苗生长期间对肥料需求量较大，尤其是氮、磷、钾大量元素要满足草莓生长的需要，其间也应及时补充微量元素。地膜揭掉后，及时撒施复合肥，每亩每次5～10kg，结合浇水和中耕除草进行，叶面肥（含有微量元素）一般隔10d施一次，满足植株生长对养分的需求。7月上旬至8月末的高温季节应控制使用含氮肥料，不然容易造成植株徒长，导致植株抗病性减弱，也不利于花芽形成。水分在草莓生长阶段是不可或缺的，在草莓定植后至揭膜前要及时滴灌给水，促进草莓根系的发育，为后期草莓的健壮生长创造条件，水源要清洁没有污染。7月上旬前母苗根际土壤含水量控制在80%左右，7月中旬后到9月起苗为止，土壤含水量控制在70%左右。

4. 病虫害防治 坚持"预防为主，综合防治"的植保方针。

（1）病害防治。针对真菌、细菌病害，如育苗期间容易发生的白粉病、炭疽病、疫病、叶斑病、蛇眼病、细菌性角斑病等病害，重点防治。5—6月，每个月药剂防治2次；7—9月，每个月药剂防治3～5次；每次降雨过后，要补喷1次药剂，注意叶片正反面和匍匐茎都要喷施到位，交替用药。

通常情况下，东北地区露地育苗炭疽病发病初期在5月，高发期为7—8月，进入高温雨季平均温度21℃以上时是发病最严重的时期。炭疽病防治除了加强田间管理，还要进行药剂防治。白粉病有两个发生高峰期，一个在5—6月，另一个在9月中旬前后，主要发生在种苗繁育的田块。疫病发生在4月上旬至5月上旬，进入7月高温季节后须重点防治。疫病发生后，可以导致整个植株死亡。育苗地一般都要采用药剂防治芽线虫，7月中旬前使用两遍灌根药剂。

（2）虫害防治。针对虫害，如红蜘蛛、蚜虫、白粉虱、叶甲类等害虫，可以采取及时发现及时药剂防治的措施，一般每个月防治2次就可以了。5月上旬开始防治地老虎、蚜虫、蚂蚁，6月上旬开始防治食叶害虫，随时观察田间虫害发生情况，及时喷施药剂防治。

（3）机械打药。按照打药设备分类，主要有如下类型：

①手动、电动背负式喷雾器，主要适用于农户小面积育苗（3 000m² 之内）。

②电动、燃油动力式打药机，需要配备储水池、药剂桶、打药管带、电源或者燃油，单台设备需要4人操作，有拖动药剂输送软管人员2名、手持喷头打药者1名、机械操作者1名，每天可以打药20亩。

柴油动力打药机

配备临时储水池

③拖拉机带动打药泵，需要配备药剂桶、盛水桶、喷头配套设施，需要4人完成喷施药剂工作任务，每天可以打药100亩。喷施药剂时喷杆离地面40cm，喷头间距50cm。须将拖拉机胶皮轮胎卸掉，改装为15cm宽的铁板式抓地铁轱辘，如果使用胶皮轮胎，会对垄旁的子苗造成伤害。

拖拉机带动打药泵喷药

5.除草 春季露地繁育草莓苗地，应根据生产需求，决定除草剂的使用。除草剂的使用，或多或少都会对草莓植株产生影响，因此要根据天气、温度、土壤等外在条件，合理喷施。

（1）草莓苗前除草。草莓育苗田准备妥当后，在定植前 5～7d，进行除草药剂处理。无风天气，土壤相对湿度 70%～80%，或者小雨后，喷施除草剂，倒退行走，压低喷杆，均匀喷雾。

①配方一（无草）：330g/L 二甲戊灵 50mL+50% 丁草胺 80mL，兑 1 壶[①]水；960g/L 精异丙甲草胺 33mL，兑 1 壶水。每亩地 3 壶水。

②配方二（小草）：330g/L 二甲戊灵 50mL+50% 丁草胺 80mL+20% 敌草快 100mL，兑 1 壶水喷施。每亩地 3 壶水。

（2）草莓苗田中耕后第二次除草。母苗定植一个月中耕松土之后，土壤相对湿度 70%～80%，或者小雨后进行。用 330g/L 二甲戊灵 50mL+20% 敌草快 100mL，兑 1 壶水喷施，遮盖母苗；田间阔叶杂草较多时，可用 330g/L 二甲戊灵 50mL+160g/L 甜菜安·宁 100mL+108g/L 高效氟吡甲禾灵 20mL，兑 1 壶水喷施。每亩地 3 壶水。

（3）草莓苗田中耕后第三次除草。2～3 级子苗落地后，土壤相对湿润，切忌高温（>30℃）喷施药剂。可用 160g/L 甜菜安·宁 100mL+108g/L 高效氟吡甲禾灵 20mL，兑 1 壶水喷施。每亩地不超过 3 壶水。甜菜安·宁安全剂量 ≤ 400mL/亩。

垄沟间可以覆盖黑色地膜。

6.控制植株旺盛生长 根据草莓育苗圃育苗的数量和对幼苗质量的要求，决定何时采取控旺措施。一般在 7 月上中旬高温季节来临时，降雨增多，增施肥料发挥作用，导致子苗长势旺盛，容易产生徒长现象。因此，要进行蹲苗（俗称压苗）处理，喷施浓度以控制草莓植株高度在 23cm 内为宜，并结合农艺管理措施，适当控制植株的高度。

（1）营养控旺。4—5 月，喷施磷酸二氢钾，用量 80～100g，兑 1 壶水。

（2）药剂控旺。

①戊唑醇（5g/包）：6 月上旬，2 包兑 1 壶水（每亩用 2～3 壶水）；7 月上旬，1 包兑 1 壶水，喷施。

②拿敌稳（5g/包）：看苗控旺。6 月初，1 包兑 2～3 壶水；6 月中旬，1 包兑 1 壶水；7 月初，1.5 包（1.75g）兑 1 壶水（每亩用 3～4 壶水）；7 月中旬，2 包（10g）兑 1 壶水。均采取叶面喷施，持效期 10～14d。

③多效唑：7 月下旬，苗床植株基本铺满。每亩用 15% 多效唑 40～50g，兑 3～5 壶水喷施，持效期 20～25d。其间雨水大，可以补充一遍拿敌稳（7.5～10g 兑 1 壶水）。

8 月不打多效唑，如果喷施，定植后容易产生畸形果和扁头果。如果产生多效唑药害，可以利用赤霉酸解除，促进植株正常生长。

---

①本书中提到的 1 壶水为 15kg。——编者注

（五）起苗、分级、包装、运输

1. 起苗

（1）准备工作。搭遮阳棚，利用钢管搭起长 15～20m、宽 10m、高 2m 的棚架，四角用铁线或者尼龙绳埋地锚固定住，棚架上面及四周覆盖 50% 遮光率的遮阳网；准备不同规格的泡沫箱，为发苗做准备；准备冰袋或者冷冻的矿泉水瓶；准备起苗工具，如长腿叉子（腿长 20cm）、捆苗绳、方便袋、铁铲、浇水设施等。有条件的配备冷藏库。

起苗工具（左：长腿叉子　右：铁铲）

（2）人工起苗。起苗前 8～10d，育苗地可以采取人工断根措施进行炼苗，方法是用长腿叉子 45° 角插入子苗根系附近并上撬 5cm，根据起苗数量确定子苗断根的大约面积。如果土壤干旱，需要滴灌给水，保证起苗的时候不伤害根系。

起苗在早晨露水干后进行，特殊情况下也可以晨起早起。阴天无风的时候，可以露天整理子苗并打捆，晴天有风的时候，起苗后尽快将子苗集中到一起拿到遮阳棚内，再整理子苗打捆。清理子苗包括剪断离子苗根茎 3cm 处的匍匐茎、劈掉老叶病叶、抖动震落根系上的土壤，每 100 株用蘸湿的稻草绳打捆，打捆后将成捆的草莓集中打圆形垛，根系朝向中间，避免风吹失水。

> **温馨提示**
>
> 　　注意事项：若遇连续晴天，起苗前 2～3d，苗地要浇水保湿，控制土壤湿度在 70% 以上，然后再起苗；若连续阴天，尤其是大雨过后，3～5d 内不要起苗。

人工起苗

适当遮阳避免秧苗受伤

（3）机械起苗。机械起苗是近几年我国草莓行业发展的一大进步，尤其是全国草莓主产区，陆续应用了机械化起苗生产技术。辽宁草莓科学技术研究院和当地育苗企业联合攻关机械起苗技术，于2019年在引进起苗机械的基础上，改装了起苗装置的宽度设置和转动装置，并投入生产应用。经过实践检验，效果明显，每亩起苗用时20min，是人工效率的20倍。采用机械起苗需在整地时综合考虑，即育苗地的垄宽要和机械车轮轴距相配套，苗床高度25cm以上；另外，疏松透气的沙质壤土适合机械起苗，其对草莓根系伤害较小。草莓苗机械振动后，不适合长时间在阳光下暴晒，需要及时分拣、包装。

机械起苗

2. 草莓苗分级　繁殖圃的草莓秧苗出圃时，要进行分拣、分级，然后进行包装、运输，最后进入栽培阶段。草莓秧苗的分级是将大小苗分开，相同规格草莓苗摆放在一起，打捆的时候，再进行一次挑选，同一捆苗规格要保持一致。草莓秧苗的分级，对出圃秧苗的成活率、定植后植株开花时间、产量都有很大的影响。人们常说，定植合格的草莓苗，已经取得成功的一半，说明选择合格的优质草莓苗多么重要。

　　草莓良种苗质量常以根的数量和长度、新茎粗度、健康展开叶片数、芽的饱满程度，以及是否有病虫害、机械伤作为衡量的标准，具体参数如下表。

草莓苗的分级标准

项目		一级	二级
根	初生根数	5 条以上	3 条以上
	初生根长	7cm 以上	5cm 以上
	根系分布	均匀舒展	均匀舒展
新茎	新茎粗	1cm 以上	0.8cm 以上
	机械伤	无	无
叶	叶片颜色	正常	正常
	成龄叶片数	4 个以上	3 个以上
	叶柄	健壮	健壮
芽	中心芽	饱满	饱满
苗	虫害	无	无
	病害	无	无
	病毒症状	无	无

　　一般来说，露地栽培苗质量可以稍低一些，达到二级标准即可，保护地栽培苗质量要求高，应达到一级标准。

　　3. 包装　露地草莓起苗后，根据生产需求，需要将分级后的苗进行包装处理。清除裸根苗的老叶、病叶，多余的叶片劈掉。准备容量 75kg 的泡沫箱、冰、胶带、记号笔等包装用品，备用。田间起苗后，打捆，每捆 100 株，放到冷库进行打冷，冷库温度 5 ~ 8℃，打冷6h 即可，然后装箱。以红颜为例，每箱装 2 000 ~ 2 300 株，在苗中间层放置 2 ~ 2.5kg 冰袋或者方便袋包装的散冰，封箱。每个泡沫箱内必须放置草莓苗销售标签，上面记录品种、数量、苗标准、检查员等信息。穴盘、营养钵苗起苗前，准备纸壳箱、泡沫箱，并内衬塑料袋，起苗后将苗平躺，顺序摆放，内放置冰袋。

　　4. 运输　长途运输一般采取空运、汽运（具有制冷能力的罐车）。裸根苗用泡沫箱包装的，长途运输时间一般不超过 3d。穴盘、营养钵苗用泡沫箱或者纸壳箱包装的，长途运输时间一般不超过 5d。

　　短途运输一般采取汽运即可。苗及时装车，并使用苫布盖住，避免日照和风吹。短时间内到达目的地，卸车后，将苗摆动放到遮阳处，避免苗被晒伤。及时定植。

三、露地假植育苗

露地假植育苗是促成栽培中培育壮苗、促使花芽提前和充分分化、提高并延长结果上市时间和增加产量的一项有效措施。假植苗培育时间在辽宁丹东地区从8月上中旬开始，即在温室定植的前30d（比非假植苗延迟10～15d）。将繁殖圃内母株繁育的子苗挖出，挖苗前一周进行苗圃灌水，以使起苗不伤根系。子苗要带土坨挖出，移植到90～120cm宽的田畦中，株行距12cm×12cm左右，红颜、幸香、章姬等大株型品种可疏些，甜查理等可以密一些。假植苗畦应平整疏松，有机质含量高，排灌水方便。栽植时要按子苗大小分类假植，便于田间管理。切忌栽苗过深使齐心芽低于土面，以免芽腐病发生。假植后要灌透水，尽量缩短缓苗期，此期间正值高温天气，栽后几天应遮阳防晒，待缓苗后撤除遮阳物。2010年以前，普遍采用露地假植育苗。

露地假植育苗

四、露地营养钵、穴盘育苗

露地营养钵、穴盘育苗是近几年针对栽培模式的改变采取的育苗方法。营养钵、穴盘育苗是剪取匍匐苗藤蔓扦插或者将藤蔓引插在盛有营养土的塑料钵、穴盘里单独培育，形成优质壮苗并带土定植到生产田，其优点是育成的种苗根系发达，根茎粗，花芽分化早，栽植成活率高，果实成熟早，并且能减少土传病虫和田间杂草的危害，起到壮苗促高产的作用，适合早熟栽培。须将营养钵苗或者穴盘苗经过低温冷藏处理，再定植。

根据不同的生产要求和栽培习惯，营养钵的摆放模式不同。育苗期间，营养钵摆放在母株的旁边，间距15cm以上，排列3～5行。

露地营养钵育苗（一）

露地营养钵育苗（二）

日光温室早熟栽培，一般在 7 月末开始将穴盘苗或者营养钵苗移到冷库或者冷棚内进行低温处理，每株母苗繁育比例为 1∶15 株即可。营养钵可用口径 10 ～ 12cm、高 10cm 或者口径 8cm、高 8cm 规格的，穴盘选择 24 ～ 32 穴的草莓专用育苗穴盘，其中 32 穴的穴盘单穴规格为 6cm×6cm×11cm。营养土主要由无病虫害的园土或大田土、部分草炭土、适量有机肥混拌风化砂而成。

露地穴盘育苗

五、冷棚设施内高架基质育苗

（一）高架匍匐茎断茎扦插育苗

1. 冷棚建设　高架基质育苗需要配套建设适合育苗的冷棚，满足培育高质量生产苗的需要。冷棚跨度为 8 ～ 16m，脊高 3 ～ 6m，脊高最高处加钢管立柱，间隔 2m，钢管支架间隔 0.9m，支架上覆塑料膜。冷棚内基质槽排列方向一般有两种，与棚向一致和垂直于棚向，生产上垂直于棚向的居多。基质槽可以选择泡沫箱，长、宽、高规格为 0.5m×0.25m×0.20m，也可以利用园艺地布加无纺布的吊袋长条式模式。

2. 园艺地布育苗基质槽及支架安装　育苗基质槽可以利用泡沫箱和园艺地布来完成。泡沫箱保水性好，安装简便快捷，比较容易填充基质，易于搬动，但要注意水分管理，防止水分过大导致烂根和病害的侵染。园艺地布做成的基质槽成本相对较低，浇水后渗透较快，应注意适当浇水和防止空间湿度过大。

（1）园艺地布做基质槽载体的安装方法。焊接立地钢管支架，钢管间连接尼龙绳网兜，将尼龙绳连接钢管的部分用塑料卡固定在钢管上。基质槽所用的园艺地布宽 80cm，长根据棚室长度和地布的长度情况确定。安装后，园艺地布可以形成上口 30cm 宽、下口 20cm 宽的半圆状柱体。钢管支架的安装，要与冷棚同向，选取 6 分钢管焊接而成，支架高度 100cm，上半部分宽 30cm，下半部分呈梯形，高度距地面 40cm，底部宽 50cm。冷棚跨度 16m，基质槽宽 30cm，基质槽横向间距 70cm。冷棚钢架两边分别距离基质槽 65cm。

园艺地布基质槽

（2）给水设施。栽培母苗需要配套安装草莓专用滴灌带，滴灌带与主管道连通，每个滴灌带与主管道之间都要有阀门，配备潜水泵或者自吸泵。滴灌带出水口朝上，间距 10cm，通过水泵泵水到滴灌带内，民用水泵一般可以满足 300m 长滴灌带的出水量。100m 长的冷棚，一般分为 3 段供水即可。

（3）基质配比。栽培草莓苗的基质要求疏松透气，适合草莓根系发育和植株生长。基质配比为每 $10m^3$ 含草炭 $6.5m^3$、细风化砂 $2.5m^3$、腐熟有机肥 $1m^3$，其中有机肥和细风化砂要过筛，剔除杂质。每立方米基质添加 50g 敌百虫。

（4）母苗定植及繁育。草莓苗定植时间为每年 2 月上旬，定植前 1 周将基质用滴灌带给水，湿度达到 70% 左右。定植前进行草莓苗蘸根处理，根系留 8cm 长，植株留 3 片叶，栽培后及时浇水，喷施一遍杀虫剂，并用白色地膜覆盖，覆盖 20d 即可。其间一周浇一次水，保持基质 80% 的含水量。适当冲施水溶肥，间隔 15d 一次，每次每亩大约施 2kg。叶面肥以磷酸二氢钾为主，一周一次。病虫害药剂防治 5 月以前 15d 一次，5 月以后一周一次，母苗利用棚内吊挂的喷头喷施药剂，母苗繁育的子苗要用枪式喷头将药剂喷施到位，重点防治炭疽病。高温季节将冷棚两边卷起 1.5m 的风口，可以起到降温排湿的作用。

母苗双行定植，苗间距 15cm，基质槽摆放 17 排，每亩保苗 9 180 株。

园艺地布基质槽繁育子苗

　　子苗生长期间，不定期检查病虫害发生情况，根据发病情况，及时采取防治措施。当母苗单条匍匐茎抽生 5 株子苗的时候，地面及时铺盖无纺布，防止子苗落地。一般在 7 月上旬开始剪取子苗，此时每株母苗平均抽生 5 条匍匐茎，每条匍匐茎抽生子苗 4 株，每株母苗可以剪取 20 株带根子苗，每亩剪取子苗 18 万株左右。

　　（5）子苗剪取及入库冷藏。在冷棚剪取子苗前 1 周，喷施药剂，重点防治病害。一般在上午 10:00 前或下午 2:00 后进行，以防午间高温子苗打蔫。

　　剪取的子苗匍匐茎保留 2cm 长，确保 1 叶 1 心以上，根茎粗 0.7cm 以上。子苗顺序摆放到塑料筐内，及时拿到气调库内分拣，剔除不标准的子苗，劈掉老旧叶片，将合格的子苗喷施 1 遍嘧菌酯杀菌剂，边喷施药剂边翻动植株。喷施药剂后，每 500 株子苗用 1m 宽塑料膜筒包装，包装口用橡皮筋封死不透气，子苗包装后放到 48cm×33cm×28cm 的塑料筐内，集中码放到气调库内，塑料筐码放 5 层以内。气调库预冷期间保持 1～3℃，储藏子苗期间气调库温度控制在 3～5℃，子苗 1 周内用完。

剪取匍匐茎子苗

子苗集中装塑料筐入库冷藏

（6）子苗扦插。子苗扦插前，冷棚上面覆盖遮阳网，若气温过高，也可覆盖双层遮阳网。地面应压实、平整，以利于穴盘的摆放。在冷棚内填充穴盘基质并保持湿润，10m 跨度的安装 2 排吊喷装置。扦插子苗的穴盘通常选用 32 孔的草莓专用穴盘，穴盘规格为长 50cm、宽 30cm、高 12cm。

子苗扦插前，遮阳网应覆盖到冷棚底脚地面，将准备插苗的穴盘浇透水。扦插时，手指按住子苗根系插入基质中，并将苗扶正，将基质压实压紧，或者用枪式镊子夹住根系插入基质，并将基质压紧。插苗深度以深不埋心、浅不露根为标准。做好品种、插苗日期等信息的标记。

扦插到穴盘内的子苗

（7）子苗扦插后管理。及时浇压根水，随插苗随浇水，可以使用喷壶及时浇水。插苗后每天喷 1 遍水，持续 3 ～ 5d，以早晨苗不打蔫为准。1 周后视土壤湿度情况浇水。2 周后撤掉遮阳网。

子苗成活后，每隔 7 ～ 10d，叶面喷施磷酸二氢钾。子苗成活 1 周后，进行药剂防治白粉病、细菌病、炭疽病。4 周后，子苗就可以移出定植或者进行超早熟栽培处理。需要远距离长途运输的，发苗前子苗放进冷库 3 ～ 5℃低温处理，根据需要随时发货。

3. 泡沫箱育苗基质槽及支架安装 泡沫箱长 50cm、宽 30cm、高 25cm，壁厚 2cm，为了加固泡沫箱，可以在每个泡沫箱上口外用胶带缠绕两圈。泡沫箱基质槽长 7m，垂直于冷棚，双趟基质槽间距 0.5m。钢支架用 6 分钢管焊接而成，支架高 100cm，上半部分宽 30cm，下半部分呈梯形，高度距地面 40cm，底部宽 50cm，地面铺设 60cm×60cm 水泥板支撑钢架。钢支架顶端焊接与排架同向的角钢，方便泡沫箱安放到角钢内。冷棚中间留取 1m 宽的作业道，两边各留 0.5m 宽的作业道。冷棚钢架两边分别距离基质槽 65cm。

母苗双排定植，苗间距 15cm，基质槽排放 51 排，每亩可保苗 9 384 株。按照每株母苗剪取 20 株带根子苗计算，每亩可剪取子苗 19 万株左右。栽培槽间距 0.8cm，每亩可保苗 6 808 株，每株繁育 20 株子苗，共可繁育子苗 136 160 株。

子苗扦插及其他管理方法参考园艺地布育苗。

泡沫箱基质槽

（二）高架匍匐茎定向穴盘引插育苗

高架匍匐茎定向穴盘育苗设施为单栋冷棚或者连栋冷棚。单栋冷棚以跨度 10 ～ 16m、长 100m 左右为宜，方便管理，连栋冷棚面积一般 10 000m² 左右。

高架匍匐茎定向穴盘育苗

　　育苗高架床面宽 1.5 ～ 1.8m，单排架长 8 ～ 10m，育苗高架床面距离地面 1.1m，架下设立双排支柱，双排支柱间距 1.5m，育苗高架之间距离 0.8m，方便田间作业。高架中间或者两边安放长 70cm× 宽 20cm× 高 14cm 的塑料栽培槽，定植母株栽培槽两边摆放穴盘，穴盘内填装经过配比的基质。母苗双排定植，苗间距 15cm，母苗抽生的子苗及时用塑料卡固定在营养钵内，由里及外，逐步固定子苗。

　　其他管理措施参考高架匍匐茎断茎扦插育苗。

育苗高架　　　　　　　　　　　　　　　繁育的穴盘苗

第二节
日光温室优质高产栽培技术

日光温室冬季草莓生产，在北纬 41°以南地区不加温，草莓也能正常生长；北纬 41°以北地区，根据温室内外环境条件，可通过室内加温，保证草莓正常生长对温度的要求。

日光温室草莓一般采取促成栽培和半促成栽培模式。草莓促成栽培是指选择休眠浅的品种，在草莓花芽形成后，植株进入自然休眠前，利用设施条件阻止其自然休眠，使其连续生长、开花结果，从而达到提早采收上市的一种栽培模式。辽宁省一般在 9 月上旬定植，10 月上旬保温，12 月中下旬结果，栽培品种为红颜、章姬、甜查理。

草莓半促成栽培是指选择中度休眠期的品种，在秋冬季的自然低温条件下，于草莓花芽基本形成及基本完成草莓自然休眠后，再利用设施进行保温或加温，来促进植株生长和开花结果的一种栽培方式。辽宁省一般在 9 月上中旬定植，10 月末保温，翌年 2 月上旬结果，栽培品种为幸香、艳丽、丹莓 2 号。

一、日光温室结构

（一）不同时期建造的日光温室

2002—2012 年，辽宁省东港市建造日光温室主要以钢架结构土石后墙模式为主。一般日光温室高度 3.8 ～ 4.5m，跨度 7 ～ 10m，后墙以石砌墙为主，支柱为可移动式钢管，冬季采取双层草帘保温，人工揭盖，部分温室选用保温被保温，防雪布也初步得到利用。2009 年，东港市草莓研究所引进电动放风装置并推广，目前电动放风装置应用率达到 95% 以上，促使草莓产业较快发展，形成产业优势。

2012 年，温室建造结构更新，日光温室建造采取钢筋架全结构方式，前坡面钢筋架连接后坡面的钢筋架到后墙底部。日光温室高度 4.5 ～ 7.5m，跨度 10 ～ 14m，最大跨度 16m。日光温室后坡面采用双层塑料薄膜间隔双层保温棉保温，夹层可以添加草砖，支柱为可移动式或者固定式钢管，跨度 10m 的可以不设支柱支撑。冬季保温采用太阳能蓄热的方式，以保温被保温为主，以双层草帘保温为辅。采用电动方式卷放保温被或者草帘。防雪布被广泛应用。

（二）新型钢架日光温室

钢架结构连接地面式日光温室是辽宁省东港市率先推出的一种新式日光温室结构类型，当地草莓生产已经普遍利用。优点是日光温室建造成本降低、建设速度加快，能够满足冬季草莓生产的要求。

现以跨度 12m，脊高 5.65m，外弧长 18m，脊尖至前坡底 11.5m，脊尖至后坡底 6.5m 的棚室结构为例，作一介绍。

1. 钢架结构　单排架结构，上弦 6 分热镀管，中花直径 8mm 圆钢，下弦直径 12mm 圆钢。前坡面钢架每隔 1.6m 垂直横拉焊接 6 分热镀管，保持钢架稳定性，后坡面焊接上下两道 6 分热镀管。棚室东西两头和中间，每 30 个钢架用 6 分热镀管或者 4 分热镀管斜花上下连接（棚室长度超过 100m 的斜花连接适当延长）。将 1.5 英寸热镀管立于棚室东西两头山墙圈梁上，双趟热镀管间距 40cm，单趟热镀管间距 1.5cm，山墙上下每隔 1.2m 焊接 20mm×40mm×2mm 的方钢 4 道，用于连接立柱和固定压膜槽。

热镀管规格及有关数据

公称直径（mm）	英制单位	外径（mm）	近似内径（mm）	壁厚 普厚/加厚（mm）	相当于无缝管（mm）
15	4 分	21.25	15	2.75/3.25	22
20	6 分	26.75	20	2.75/3.5	25
25	1 英寸	33.5	25	3.25/4	32
32	1.2 英寸	42.25	32	3.25/4	38
40	1.5 英寸	48	40	3.5/4.25	45
50	2 英寸	60	50	3.5/4.5	57
70	2.5 英寸	75.5	70	3.75/4.5	76
80	3 英寸	88.5	80	4/4.75	89
100	4 英寸	114	106	4/5.0	108
125	5 英寸	140	131	5/5.5	133
150	6 英寸	165	156	5/5.5	159
200	8 英寸	219	207	6	219
250	10 英寸	273	259	7	273
300	12 英寸	325	309	8	435

2. 卷帘设施　日光温室钢架安装结束后，焊接卷帘设施，包括卷杠（1.5 英寸热镀管）、卷杠套管（2 英寸热镀管）、卷杠腿支柱（1.5 英寸热镀管）、斜拉筋（直径 12mm 钢筋）、横拉管。

卷杠通长直立与减速机保持同心

卷杠腿支柱长 0.8m（1.5 英寸热镀管），间隔 3m 垂直焊接于钢架顶偏后坡 15cm 处，焊接在钢架上弦 6 分热镀管和下弦直径 12mm 圆钢上，卷杠腿可以向后坡略微倾斜，便于卷放保温被或者草帘。

卷杠腿略微倾向后坡，焊接于钢架上

钢架上弦至卷杠 40cm 处焊接斜拉筋（直径 12mm 钢筋）于后坡钢架上，斜拉筋长 60cm，卷杠腿、斜拉筋、后坡面形成不规则三角形。横拉管焊接在卷杠腿上，距离后坡面

10cm，不要过高，方便压膜线的连接，对卷杠腿起到固定作用。卷杠腿由三点焊接，相对稳固，不会前后左右倾斜。卷杠和卷帘机的连接点有插件，用销子固定，启动卷帘机后带动卷杠转动，起到卷放草帘的目的。

固定卷杠腿的斜拉筋

卷杠套管焊接于卷杠腿上部

卷帘机配套设施包括：三相电机、减速机、皮带、连接电线、电机箱、电机箱支架。卷帘机配套设施一般在地面安装，等钢架立起来后，直接焊接于钢架上。三相电机的功率为750W，不具备安装三相电条件的，也可以安装两相电机。减速机和电机要匹配，连接减速机和电机的皮带松紧要适宜，发现磨损，及时更换。电机箱应具有防水保护作用，一般长60cm、宽40cm、高60cm，向阳面留有一面门，方便维修。电机箱支架牢固焊接在棚室钢架上，在朝向卷杠的部位掏一圆孔，将减速机和卷杠连接起来。

减速机与卷杠连接

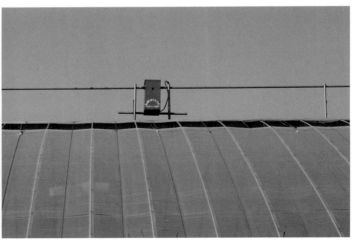

卷帘机处于温室顶部卷杠的正中间位置

减速机在电机箱内电机的上面，与电机之间用皮带连接传动

　　3. 立柱　双排立柱每间隔 5 排架设一立柱，立柱排列与棚室同向。第一排立柱在脊尖位置垂直于地面安装，立柱基部顶在水泥板上（固定）。第二排立柱在前坡面脊尖垂直距前地脚 6m 处，活节（套管）连接，倾斜于地面安装。立柱顶在地面可以活动的水泥板上，拖拉机作业时可以把立柱倾斜着挂起来，不影响拖拉机旋耕土地。

单排立柱直立　　　　　　　　　　　　　　双排立柱一直一斜

　　4. 山墙（边墙）　山墙可以利用水泥大块填充砌成，也可以利用 1.5 英寸热镀管双排直立焊接而成。南北向钢管间隔 1m，钢管底部埋于圈梁之中，顶部焊接于钢架上，钢管上下间隔 1.5m 焊接横管（6 分热镀管）；东西向钢管间隔 0.3m，单排钢管上下间隔 1.5m 焊接 6 分热镀管。冬季山墙用内外两层塑料膜包裹，夜间将棉被放下，将山墙遮挡严实，可以保证棚室的温度满足草莓生长的需求。

南北向钢管间隔 1m，东西向钢管间隔 0.3m

5. 吊篮及滑道装置　吊篮主要用于草莓采摘期间果实的运输，可节省采摘后果实的运输时间和降低搬运果实的劳动强度。传统日光温室内果实采摘方法：果实盆装采摘后，放到温室后墙处地头，达到 3 ～ 5 盆后，再拿出日光温室进行分装。安装吊篮后，田间采摘鲜果装到专用塑料筐内（带有孔穴的海绵垫），分层装到吊篮内，塑料筐摆到 1.2m 高时，将装有鲜果的吊篮推到温室门口以备运输。吊篮可以承受 250kg 鲜果重量。

滑道钢管为 6 分热镀管，滑道高度 1.9m，距离后墙 0.5m。滑道钢管下垂直于棚向焊接30mm×30mm×2mm 的角钢于后坡钢架上（角钢平面朝上），角钢间距 4m。角钢上位斜拉焊接直径 8mm 的钢筋于后坡钢架上，形成三角模式。滑道要和日光温室放风系统互相协调，不能互相影响，一般电动智能放风系统在滑道之上。

滑道横管距离地面 1.9m

吊篮长 2 ～ 2.5m、宽 40 ～ 50cm、高 1.5m，吊篮底距离地面 0.4m，单层和双层均可，双层上下间距 0.5m。吊篮两边拉杆用 6 分热镀管，上连接于滑轮处，下焊接于角钢上，为了增加稳定性，在拉杆两边焊接直径 4mm 的钢筋于下部角钢上，拉杆上部距离滑道 20cm 处加一道横向 6 分热镀管焊接到拉杆上。吊篮长宽两面分别用 30mm×30mm×2mm 的角钢围成，角钢平面朝下，内角朝内，在长边每间隔 15 ～ 20cm 焊接直径 4mm 的钢筋，形成长方形梯状体。吊篮上利用直径 10cm 塑料滑轮骑于 6 分热镀管上，滑轮固定于吊篮的拉杆上，固定面朝外，方便安装。日常工作低速匀速推动吊篮。吊篮承重在 250kg 以内。

滑轮不同安装方法

双层吊篮　　　　　　　　　　　　　单层吊篮

二、日光温室建造基本条件

1.地块   选择地势平整、开阔，无遮阳树木及高压线区域；避开风口，背风向阳为好；交通方便，水电齐全。上茬是玉米的地块，需要平整土地；上茬是水稻的地块，需要回填30cm厚的风化砂，设置排水沟。

2.方位   日光温室方位一般东西延长，坐北朝南，以南偏西5°～10°为宜。冬季早晨比较寒冷，上午8:00以前，一般日光温室不卷起棉被，因此，朝向一般不要偏东。

3.长度   日光温室长度一般以100m为宜。以一台卷帘机能够带动的长度来计算，如果长度超过150m，可以设置2台卷帘机。如果日光温室长度过长，冬季卷放棉被会存在安全隐患，若发现不及时，轻则拉断卷帘绳，重则拉坏卷杠、损毁电机、损伤棚架。

4.跨度   跨度多为10～14m，通常跨度、高度比为2：1，跨度超过10m的，一般要设立支柱。

5.间距   日光温室间距根据日光温室跨度来决定，通常跨度、间距比为1：1或者1：1.2。

三、栽培品种选择

日光温室栽培品种以红颜(99)为主，甜查理、章姬、幸香、丹莓2号、艳丽、丹莓1号、京藏香、白雪公主、小白等为辅。

四、土壤准备

日光温室内栽培土壤要求：pH 5.8～6.5，有机质含量丰富。当土壤pH＜4.8或者pH＞8.2时，草莓植株会出现叶片黄化、植株矮化等异常现象，影响植株正常生长。

在玉米田新建日光温室，土质疏松透气的不需要添加客土，可以利用推土机或者挖掘机将表土移至棚室旁边的空地，地面整平以后

平整土地为建设温室做准备

再将表土移回棚室内作为栽培草莓的种植土。玉米田的选择以地势南低北高、相对平整和缓坡的地块为好。

在水稻田新建日光温室，需要添加客土。水稻田一般地势低洼，土质属黏壤土，透气性稍差，不利于草莓根系生长。因此，在水稻田上建设日光温室，一般需在日光温室内铺垫30cm厚的沙质壤土，以风化砂为好。

适合栽培草莓的沙质壤土

温室回填有机质含量丰富的沙质壤土

五、土壤消毒

土壤消毒主要针对进行过两年以上草莓生产的日光温室，目前主要采取高温季节化学药剂消毒和菌剂消毒。常采用的化学药剂主要有棉隆、威百亩、石灰氮等，菌剂有 EM 菌剂、复合菌剂等。

1. 棉隆 棉隆是目前我国草莓种植区普遍采用的一种广谱土壤消毒剂，其与湿润土壤接触后，产生异硫氰酸甲酯，发挥熏蒸杀菌、杀虫、杀草作用。药效持久，在土壤中无残留，是一种理想的土壤熏蒸消毒处理剂。

（1）使用方法。一般在 7 月上中旬，垄间滴灌给水后 2d，拔除草莓植株，清理田间废弃地膜及杂草。晾晒 1 周后，对土壤灌水，再晾晒 3 ~ 5d，当土壤含水量在 60% 左右时，撒施农家肥，旋耕第一遍，平整土壤，避免有大土块。在没有风的情况下，将棉隆均匀撒施棚室地面，然后旋耕第二遍，使药剂均匀混拌到土壤里，如果土壤湿度不够，可以洒水增加湿度。施耕完成后立即使用没有损坏的旧棚膜将消毒土壤盖严，棚膜四边要用土壤压实，以防漏气。

进行药剂撒施时，日光温室的风口要大开。旧棚膜覆盖后，裸露的日光温室过道及后墙要喷施杀虫剂，并迅速撤离，同时将日光温室风口闭合，从而尽量增加棚内温度。

消毒完成后，松土透气 7～10d，起垄做床。

如果消毒期间温室内倒灌雨水，需做种子发芽试验，确保土壤中没有残留气体后，再定植草莓苗。

不同土温条件下棉隆使用参考时间

操作程序	土温			
	10℃	15℃	20℃	25℃
保持土壤湿润 （土壤准备，滴灌给水）	7d	7d	7d	7d
施药，土壤消毒 （旋耕土壤并施药，使两者混合，覆塑料膜）	12d	8d	6d	4d
旋耕土壤，起垄透气 （揭去塑料膜，松土 1～2 次）	8d	5d	3d	2d
土壤熏蒸总时间	27d	20d	16d	13d

（2）注意事项。施药时，应穿戴橡皮手套和靴子等安全防护用具，避免皮肤直接接触药剂。皮肤一旦沾污药剂，应立即用肥皂、清水彻底冲洗。

施药后应彻底清洗用过的衣物和器械；废旧包装及剩余药剂应妥善处理和保管；注意该药剂对鱼有毒。储藏应密封于原包装中，并存放在阴凉、干燥的地方，不得与食品、饲料一起存放。

2. 威百亩　剂型为水剂，具有杀菌、杀线虫、除草和熏蒸作用。其发挥作用是由于原药在土壤中分解成毒性较大的异硫氰酸甲酯。因为使用方法简单，消毒效果比较理想，近年来使用面积逐年增加。

（1）使用方法。

①一般在 6 月上旬，果实采摘结束后，将日光温室上下风口封闭，威百亩滴灌到垄间，高温闷棚。3～5d 后，棚室内植株萎蔫死亡。每亩用量为 20～30kg。

②闷棚 20d 后，打开日光温室风口通气 3～5d，然后，拔除田间植株，清理垄间地膜，晾晒 1 周，使残留气体尽量散尽。

③田间撒施腐熟的农家肥，旋耕后起垄，等待定植。

（2）注意事项。威百亩应现配现用；威百亩对眼及黏膜具刺激作用，用药时人要在日光温室外操作。

3. 石灰氮　俗称乌肥或黑肥，主要成分为氰氨化钙，其他成分有氧化钙和碳素等，常使用秸秆还田消毒法。

6 月上中旬，消毒处理前 3d，日光温室内垄间滴灌给水，将地膜清理干净。3d 后，滴灌带收拾好，放到地边。利用旋耕机将活体草莓植株及土壤进行旋耕，一般旋耕两遍，距离日光温室南头大约 1m 内需要小型旋耕机进行旋耕。

消毒处理前清理地膜及滴灌带设施

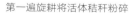

第一遍旋耕将活体秸秆粉碎

第二遍旋耕秸秆充分混拌于土壤中

土壤整平以后，将石灰氮倒入日光温室内的水池里，水池内同时加水并搅动。每亩用量为 30 ~ 40kg，通过滴灌带将药剂喷施到温室内土壤里。

消毒液通过滴灌带喷施到地面

　　消毒液喷施结束后，地面覆盖旧棚膜或者地膜，尽量避免棚膜透气，以免影响消毒效果。消毒期间，棚室完全密封，在夏日高温强光下闷棚 20 ～ 30d，即可有效杀灭土壤中的真菌、细菌、根结线虫等有害生物。

药剂喷施到地面后及时覆盖旧棚膜或者地膜

　　闷棚结束后，将棚膜、消毒覆盖的旧塑料膜或者地膜揭掉，耕翻、晾晒，起垄，7 ～ 14d 即可定植草莓。

六、施肥与起垄

新建温室需要将回填土摊平，施肥后起垄。已建 2 年以上的温室，在草莓采果结束后，进行土壤消毒处理。连同腐熟的农家肥进行消毒处理，每亩施农家肥 3 ~ 5t。根据地力情况，每亩增施磷酸二铵 30kg、硫酸钾 15kg、过磷酸钙 40kg。施肥后，按照垄距 85 ~ 95cm 画好线条，利用起垄机旋地起垄，垄南北向，垄高 25 ~ 30cm。

起垄机田间起垄

七、定植前生产苗准备

草莓种植户自育的裸根苗，在起苗前 15d，利用农具 3 齿铁叉倾斜 35° 角撬动草莓根系附近土壤，进行一次断根处理，其间进行一次药剂防治。定植草莓生产苗的标准：以红颜为例，株高 20cm 以下，叶柄短粗，叶片肥厚，叶色浓绿有光泽，根茎粗 0.8cm 以上，主根 8 条以上，须根发达，没有病虫害的健壮苗。

生产苗根系发达、植株健壮

八、适时定植

（一）定植时期

丹东地区和北纬 40°—45° 地区在 9 月初定植，以南地区适期延后，以北地区适期提前。大垄双行，小行距 25cm 左右，单株距 13～17cm，根据不同品种，每亩栽植 8 000～11 000 株，种苗弓背一定朝向垄旁，覆土不可埋心，以免发生芽腐病。

（二）定植密度与草莓苗处理

北方地区栽培草莓，日本品种株距在 15cm 左右，每亩定植 9 000～10 000 株；欧美品种株距在 10cm 左右，每亩定植 11 000～14 000 株；国内自育品种株距和日本品种相仿。

采取大垄双行单株栽培，植株弓背（花序着生方向）一定要朝向垄沟，植株根系倾斜 30°角朝向垄中间（躺式栽培），小行距 15cm 以内为好，利于根系吸收水肥。

田间起苗后，可以采取药剂浸泡根系的方法，控制病害的发生。准备大口径的塑料桶或者泡沫箱，注满水，添加 25% 嘧菌酯悬浮剂 1 000 倍液加 50% 甲基硫菌灵可湿性粉剂 1 000 倍液浸根，根部浸入药液中即可。

起苗后及时药剂蘸根并装入方便袋备用

1. 裸根苗定植法　定植前将合格的草莓苗分好等级，装入方便袋或者塑料筐中，把相对大一点的苗栽培同一垄上，弱一些的栽培同一垄上，也可以把大苗栽培在垄的两边，弱一点的栽培在垄的中间。

滴灌带在定植草莓苗前铺设好，滴灌出水口以间距 10cm 的双孔为宜。铺设滴灌带的同时，要在草莓垄顶部中间部位开出6cm深的浅沟，将滴灌带放入，以后在扣地膜前，还要再清理一次淤积到垄沟内的杂物，保持垄沟的深度和排水通畅。草莓生长期间，肥水通过滴灌带冲施，如果草莓垄顶部中间没有浅沟，肥水会流失到垄下面的垄沟，降低肥水利用率。

将草莓苗老化根茎、萌蘖、芽叶劈掉后定植　　　　利用移植铲定植草莓苗

裸根草莓苗定植后，在双排苗的中间利用镢头等工具开5～7cm深、5cm宽的小沟，以备定植后滴灌给水所用。

镢头开沟

裸根苗定植后第一遍水要浇透，防止吊干苗，以后3～5d内，每天3遍水，一周后减少浇水次数，半个月后，控水，促进根系生长。穴盘苗、营养钵苗定植后，第一遍水浇透后，根据苗情适当浇水。

定植后及时浇水

2. 土坨苗定植法　土坨苗育苗地的土壤要求黏性较大，能够满足起苗的时候植株根部可以带土坨，运输过程中土坨不会散掉。春季育苗开始，定向引领匍匐茎，苗之间有 6 ~ 8cm 的距离。秋季起苗时，利用移植铲围绕植株挖取带有土坨的植株，土坨高度 6cm 左右。起苗前 3d 浇水，保持土壤湿润。

利用特制的圆形打孔器在垄间打定植孔

带土坨定植

3. 穴盘基质苗定植法　穴盘苗栽培时间一般要早于裸根苗，利用日光温室、冷棚可以早栽培的优势，将繁育出的符合标准的优质生产苗，提前定植于日光温室中，以达到提前结果的目的。

穴盘苗根系发达、植株健壮

移栽完浇透底水后，要适时喷施药剂预防炭疽病、根腐病等病害。栽培5d后，叶面喷施溴菌腈1次，同时使用噁霉灵和敌百虫灌根，预防病虫害。

穴盘苗定植时要剪掉穴盘底部根系的1/3，同时抖落部分基质，把根茎部位的多余基质清理干净，有利于草莓苗生长。

定植时以垄中间为基点，倾斜45°角放入草莓苗。这种栽培方法有利于养分的吸收和提高养分利用率，倾斜的根茎部容易发根。但对后期劈叶等生产劳作会有影响。

九、覆盖遮阳网提高草莓苗成活率

草莓定植前日光温室棚架上覆盖遮阳网，以遮光率 75% 为好。辽宁丹东地区，定植时间在 8 月下旬和 9 月上旬的，中午室外温度可达到 28℃以上，室内温度可以达到 30℃，如果没有遮阳网，高温可能使草莓苗脱水而死。遮阳网使用时间为 5d 以内，否则光照不足，会影响根系的发生。

如果当年温室的棉被没有撤下来，也可以利用棉被来遮阳，一般在上午 10:00 至下午 3:00，把棉被放下来遮阳，其他时间棉被卷到棚脊上。

遮阳网覆盖到温室钢架上　　　　　　　白天高温强光的时候利用棉被遮阳

十、缓苗期及花芽分化期管理

缓苗期是草莓定植后的管理关键时期，管理不当，将影响草莓的成活率、花芽分化程度和结果期的产量。可以利用滴灌、喷灌及时喷水，保持土壤湿润。浇水导致垄面塌陷的及时修补。定植过深的草莓苗，要利用移植铲将草莓根颈部位多余的土壤清理掉，露出根颈部，防止夹苗导致病害的发生和植株的延缓生长。

缓苗期要适时控水，一般定植 10d 后，基本度过缓苗期。裸根苗栽培，花芽分化前控制肥料的施用，促进植株由营养生长到生殖生长的转化，完成花芽的分化和形成，促进植株根系生长、根茎粗壮。

病害主要防治炭疽病、根腐病，防治方法和药剂见第三章。虫害需防治食叶害虫、红蜘蛛等。

缓苗后草莓植株的标准：株高 18cm 以内，根茎粗 1 ~ 1.5cm，主根 10 条以上、根毛发达，3 ~ 5 片功能叶，叶片 45°角开张，俗称"平头"，没有病虫害。

缓苗期间适当控水管理

及时清理田间杂草，劈掉老旧叶片

十一、棚膜、地膜及防寒沟设置

温室棚膜覆盖时间根据气候变化来确定，当夜间温度 5 ~ 8℃，白天温度 15 ~ 18℃时，覆盖棚膜。辽宁丹东地区在 10 月 10 日前后，一般经过一次轻霜后再覆盖棚膜为好。覆盖棚膜 1 周后覆盖地膜，棚膜覆盖过早，造成花芽分化延迟，棚膜覆盖过晚，易导致植株矮化，影响果实上市时间。

覆盖温室棚膜

日光温室应用的棚膜主要有聚氯乙烯（PVC）棚膜、聚乙烯（PE）棚膜、乙烯－醋酸乙烯共聚物（EVA）棚膜、调光性农膜、PO 膜（聚乙烯、醋酸乙烯等聚烯烃原材料和助剂等复合而成的一种农用大棚膜），厚度一般为 0.1mm。以跨度 10m、长 100m、总面积 1 000m² 的日光温室（脊高 5.5m）为例，一般需要 2.5m 宽的风口膜和 8.5m 宽的棚膜各 102m 长，塑料膜（厚度为 0.1mm）重量为 130kg，单价 22.5 元 /kg，总价 2 925 元，每亩折合成本约 1 950 元。

　　覆盖黑色地膜的作用是控制田间杂草萌发、提高地温、保持土壤湿度、降低温室内空气湿度、果实成熟后可托垫果实。

　　地膜厚度 0.01cm 以上，根据垄距及垄高，合理选择地膜的宽度。如果垄距 0.85m，垄高 0.25m，地膜宽度为 1.3m。覆盖地膜前 3d，田间不要给水。覆盖时间一般选择在晴天下午，这样草莓植株的叶梗及叶片比较柔软，叶片上面也没有水珠，覆盖地膜就不会折断叶梗。覆盖的时候两个人拉伸地膜将地膜展开后，整体覆盖到草莓苗的上面，在垄的一头，用铁锹贴垄旁底部挖出适合的小坑，将地膜拉紧并用土将地膜压入小坑，压实，再依次将草莓植株从地膜内轻轻掏出，检查有无遗漏，最后将地膜抻紧，地膜两头用土压实，使地膜紧贴垄面。

　　防寒沟是在日光温室的前脚外 0.3m 处挖的 30cm 宽、50cm 深的沟，沟内填充炉灰渣，碾压沉实，可以阻止冬季日光温室内土地热量横向外流，也能隔断冬季严寒低温通过土壤向棚内传导。近些年来，辽宁省东港市新建的日光温室一般只是采取后墙底部加固培土御寒，前脚没有设置防寒沟。

覆盖黑色地膜

覆盖地膜后至开花前注意防治炭疽病、根腐病，现蕾期还应防治蓟马，使用药剂参考第三章。

十二、田间管理

1. 肥水管理 草莓是浅根性植物，施肥掌握适量勤施的原则。草莓定植后，垄高25～30cm 土壤中的养分有利于草莓吸收利用，肥料需求可分为 3 个阶段，第一阶段为定植至开花期（9 月初至 11 月上旬），氮、磷、钾需求量占整个生育期的 30%；第二阶段为开花期至第一茬果结束（11 月上旬至翌年 2 月中下旬），氮、磷、钾需求量占整个生育期的35%；第三阶段为第一茬果结束至第二茬果结束（2 月中下旬至 6 月上旬），氮、磷、钾需求量占整个生育期的 35%。

（1）叶面肥。移栽缓苗后至盖棚膜前，喷施 2～3 次叶面肥，可以添加杀虫剂混喷。

盖棚膜后至现蕾期，10d 一次，分别喷施含有钙、锰、硼等中微量元素的肥料。由于冬季地温较低，植株根系对钙元素的吸收较少，需要叶面补充钙肥，现蕾开花前对硼元素需求较多，也需要叶面补充硼肥。徒长苗要适当控水、适量喷施控制生长的生长抑制剂。

果实膨大期至采收结束，可分别多次喷施叶面肥。

整个生育期内都可以喷施碳乐康 300 倍液，间隔期 10d，至采收结束。

（2）冲施肥。移栽后适当冲施生根菌剂，缓苗后冲施生根液、鱼蛋白、氨基酸、腐殖酸等促进根系发育的营养制剂，每亩每次 2～3kg。

草莓花芽分化后施肥：第一片叶展开后，冲施第一次肥（氮：磷：钾为 20：20：20的平衡肥），每亩 1.5～2kg；第二片叶展开后 10～12d，施第二次肥（钙镁肥），每亩2.5～3kg；第三片叶展开后，施第三次肥（高磷肥），每亩 2.5～4kg；第四片叶展开后，施第四次肥（氮：磷：钾为 20：20：20 的平衡肥），每亩 2.5～4kg，陆续现蕾开花。

草莓花期施肥：每亩施 3～4kg 水溶肥，间隔 7～10d 一次。

草莓果期施肥：青果期，每亩施氮磷钾肥（20：20：20）3～4kg，并补充微量元素；白果期，每亩冲施钙镁微肥（钙镁比 3：2）4～5kg，间隔 10～15d 一次；红果期，每亩冲施氮磷钾肥(20：10：30)3～4kg，并补充微量元素，间隔 10d 一次，红果期果实较多，可以冲施两次高钾肥。高钾肥属于暖性肥料，低温期减少磷肥施用。

冲施肥料步骤：先用清水冲 5～10min；再冲施肥水 10～20min；最后再冲清水10min。

根据草莓长势，一般施两遍肥料，施一遍生物菌剂等。营养液浓度在 0.4% 以内。有机肥（有机菌肥）必须和大量水溶肥交替施用，或混合施用，否则，盛果期会出现缺肥现象；高钾肥应在膨果后期施用；在盛果后期，要及时冲施生根肥，每亩每次 2～3kg，以防后期根系老化。

温馨提示

草莓结果期冲施肥比例应合理，不然，磷、钾肥过量以后，导致植株叶片小，果实个头较小，风味改变，产量下降。

结果期冲施肥过量导致地面出现苔藓

2. 温度管理　温度是冬季日光温室草莓生长发育的主要条件之一，直接影响着草莓植株的长势及果实的产量、品质等生产性状。在北纬41°以南，冬季极端温度在−21℃的地区，采取日光温室不加温生产的，后墙为大块砖和保温棉草砖搭配、前坡为塑料膜覆盖、晚间利用棉被覆盖或者双层草帘覆盖保温的，都要满足冬季温室内最低温度在3℃以上，否则需要采取加温措施。

覆盖棚膜后的温度管理：覆盖棚膜后，高温管理2d，其间棚内温度达到28～30℃，然后逐步下调，5d后，上、下风口尽量开大，当夜间温度降到3℃左右时，底角风口闭合，上风口仍然大开，当夜间温度为0℃左右时，上风口夜间闭合。

揭盖棉被或草帘的时间：白天利用太阳光蓄热、晚间利用保温设施保持日光温室（不加温）内的温度是目前通行做法，当日光温室内夜间温度低于5℃的时候，开始夜间覆盖棉被或者草帘保温。冬季揭盖棉被或草帘保温，是根据冬季温度的变化和草莓苗的长势情况决定的，初冬（11月上旬），上午6:30揭开棉被或草穴透光，下午5:00覆盖保温，12月上旬，上午8:30揭开，下午3:30覆盖，每年3月中旬以后，可视具体温度来决定是否揭盖棉被或草帘。

揭盖棉被或草帘时间的早晚，决定日光温室夜间室内温度的高低。一般下午盖棉被或草帘保温后，日光温室内温度升高3℃左右，是正常的，如果盖棉被或草帘后，日光温室内温度继续下降，说明盖晚了。早晨揭开棉被或草帘后，温度短暂下降后开始提升，是正常的，如果揭开后日光温室内出现雾气或者棚膜上出现白霜，说明揭开早了。

遇到极端寒冷天气和大风天气，要早盖晚揭，白天要适当下放棉被至顶风口处，防止大风损害塑料膜。遇到夜间出现雨雪大风天气，夜间要有人值班，不能离开温室，下雨的时候，将棉被、草帘卷起来，等雨过后，及时将棉被、草帘放下来，放得晚了，顶卷杠上的雨水结冰后，卷绳将冻结在卷杠上，再放帘将形成反转，无法正常将棉被、草帘放下，此时需要人工排除险情，不能强行放帘，不然将对卷杠造成损伤；如果雨后发现刚有雪花飘动，注意观察，不要放帘，一般情况下，下雪气温不会急剧下降，下雪停止后，如果雪堆积于棚膜上，就不必放帘，等天亮后，再除雪；如果是小雪，雪停止后，棚膜上有薄薄一层，放帘保温；如果雪较大，棚架上部分雪下滑，顶部有露出棚膜的地方，就要放帘到有雪部位，等天亮后再做其他处理。各地根据具体天气情况，适当处理。

草莓生长发育适宜温度：营养生长期 24～28℃；花期 28～30℃；青果期 26～27℃；白果期 25～26℃；红果期 23～25℃，夜温 8～10℃较好，6～8℃也可。生长发育期间最低温度不能低于 5℃，低于 2℃花器易受到伤害。北方严冬时节可采取短时间的燃烧液化气、蜂窝煤块等辅助加温措施。

3 月中旬以后，随着气温升高，日光温室内温度也随着增加，而且光照越发强烈，此时，为了降低温室内温度，可以采取温室风口全天开放、增加空气湿度和适时滴灌给水、温室棚膜外层喷施涂料、及时劈掉病老残叶等措施，改善植株生长环境，延缓植株生长速度。

棚膜外层喷施涂料

3. 湿度管理 湿度是影响温室草莓生长发育的重要因素。营养生长期、花芽分化期保持土壤湿度 60%，花果期保持土壤湿度 70%～80%；空气相对湿度以 70% 以下为宜，阴雨天气湿度过大要适时通风。日常管理来看，土壤栽培一般 7d 一遍水，冬季要小水勤浇，立春以后，可以适量加大水量；立体栽培，一般 2d 一遍小水，根据基质保水量确定浇水次数。

4. 放风管理 日光温室放风排气主要有前底脚风、腰风、顶风三种，进入冬季后，主要利用顶风口排风控制日光温室内的温度和湿度。随着钢架日光温室的普及和新建日光温室跨度的增加，电动放风已经取代传统人工放风。

棚膜覆盖后，及时安装电动放风设备（俗称温控机，主机为智能温度感应器和导线连接的钢质减速机，配件有卷绳、卷绳钢管、钢卡、滑轮等。日光温室长度在 150m 以上的，可以安装 2 ~ 3 台，分段控制温度。安装方法：在日光温室后墙 2m 高处，安装主机和横向卷绳钢管（6 分管），主机固定后焊接在钢架上，卷绳钢管用钢卡固定在后墙的钢架上，在棚膜上安装卷绳滑轮并固定在压膜线上后，将卷绳按照正反转缠绕在后墙的钢管上。主机温控的探头放到前脚至后墙的 1/3 处，离地面 1.0m，探头向阳处适当遮阳，防止阳光照射。如果后墙不方便安装，也可以安装到棚室脊高到地面的钢管支柱上。

十三、蜜蜂授粉管理

蜜蜂是群体性昆虫，一般每个蜂群由一个蜂王（受精卵发育而成的生殖器官完全的雌性蜂）和数千只乃至上万只工蜂（受精卵发育而来但生殖器官不完全的雌性蜂）组成，它们共同居住于一个蜂群中，分工明确，各司其职，维护着种群的延续。蜂王存活 3 ~ 5 年，工蜂的寿命，春夏秋季存活 30d 左右，越冬期一般存活 150 ~ 180d。

蜜蜂授粉

目前日光温室草莓授粉主要利用意蜂（意大利蜂）来完成，少量用中蜂（中华蜜蜂）、熊蜂。意蜂和中蜂耐寒性较差，冬季晴天，上午日光温室内温度达到 18℃ 以上才开始从蜂箱出来采蜜授粉。熊蜂在温室内达到 10℃ 以上时即可出蜂箱采蜜授粉，草莓生产上应用熊蜂授粉较少。

1. 蜜蜂进棚前的准备　蜜蜂进入棚室前一周要停止应用杀虫剂和对蜜蜂有毒性的杀菌剂，早晨进入棚室内不能有异味，如果有异味，要推迟蜜蜂进棚时间。草莓植株长势健壮，能提供优质的蜜源。

2. 蜜蜂进棚时间　10% 植株进入初花期，即可将蜂箱搬入日光温室内。

3. 蜂粮准备　蜜蜂的营养是影响蜂群群势和授粉积极性的重要因素。蜜蜂进棚后，将白糖和水按照 2 ∶ 1 的比例高温开锅溶化后，倒入瓷盘内，瓷盘内放置小树棍便于蜜蜂取食。

4. 蜂箱摆放位置　一般应该摆放在日光温室的西面，离后墙脚 2m、西山墙 10m 处比较好，蜂箱离地面 30cm。因为早晨日光温室西面温度回升较快，蜜蜂可以早出来授粉，下午日光温室东面温度下降得较快，西面温度高，蜜蜂在西面集聚较多，便于归巢，不然会有部分蜜蜂来不及归巢遗留蜂箱外面。生产中也有将蜂箱放置在棚室内中间位置的。

5. 提高蜜蜂授粉积极性　发现蜜蜂不爱采蜜，可采取花香糖浆法诱发蜜蜂采蜜授粉。方法：沸水中加入等量白糖，等糖浆冷却为 25℃ 时，将糖浆倒入放有花瓣的容器里，密封浸渍 4h，然后进行喂养。

6. 蜜蜂中毒处理

（1）轻微中毒。发现蜜蜂不采蜜，只是在温室内草莓苗的上面飞行时，可以把蜂箱拿出棚室，棚室内喷施洁净清水，第三天再将蜂箱入棚。

（2）中等中毒。蜜蜂乱飞乱转、蜂针外露、喙伸出、腹部肿大等情况，都是中毒的表现，可以把蜂箱拿出棚室，棚室内喷施 1.2 ∶ 30 的阿托品药水，喷施到叶片滴水为止，3d 后蜜蜂进棚，如果蜜蜂还有反应，再重复一次即可。

十四、植株花果管理

草莓花多为完全花，能够自花结实，花由花柄、花托、萼片、花瓣、雄蕊、雌蕊几部分组成，花托为花柄顶端膨大部分，肉质化，花托膨大后就是通常吃的草莓。花序多为二歧聚伞花序，单枝花序着生 20 余朵花。日本品种多为高部副序多歧分枝，欧美品种多为低部副序多歧分枝。花序抽生并率先发育成花后称为一级花，所结果实一般称门果，一级花序梗上，对应抽生的两朵花为二级花序，所结果实一般称对果，二级花序梗上对应抽生的两朵花为三级花序，所结果实一般称斗果，以此类推，形成多级花序。不同品种、不同地区、不同栽培模式下疏花疏果不一样，比如，在辽宁丹东地区，红颜按照 3、2、1 的方式疏花疏果，抽生的第一个花序留三个果，第二个花序留两个果，第三个花序留一个果，后续根据植株长势可以采取 3、2、2 的留果方式，如果植株生长势较弱，可以疏除前期抽生的花序，植株强壮后再按照合理的疏花疏果方式管理；章姬可以按照每个花序留 3 ~ 5 个果实的方式进行，如果需要大果，可以适当疏果；甜查理不需要刻意疏花疏果，只是在田间劳作时，适当疏除花果就可以了。疏花疏果掌握时期：一般在每个花序的花授粉后，坐果横径在1cm（小拇指大小）的时候，再开始疏除多余的花果，避免在花后就开始疏花，不然，如果留的花由于授粉等原因导致长成畸形果的，疏除畸形果后，果量少而影响产量。疏花疏果能增大果个，改善品质，提高产量和商品价格。

单枝花序着生8朵花，其中3个已经授粉后形成幼果

单枝花序疏花疏果后的两个果长势情况

用手捏住植株老化叶片的叶梗，顺势下劈横拉，劈掉老化叶片

劈掉的老化叶片集中收拾清理出棚室

第三节
果实采后处理与销售

一、采收时间

日光温室草莓主要以鲜食为主，果品采收后需要运输到终端销售市场。采收时间比较关键，把握合理的采收时间，才能使上市果品具有品种应有的品质和风味。根据上市时间和客户需求，在天气条件允许的情况下，一般凌晨 3:00 至上午高温前，下午高温过后至晚上 10:00 前都可以采收。

二、果实成熟度

采收当天或者隔天食用且不需要远运的，可以采收充分成熟的果实；货架期 3d 以内的，采收前 3d，控制浇水，可以采收 9 分熟的果实；货架期 5 ～ 7d 以内，且需要长途运输的，采收成熟度 7.5 ～ 8 分，果面看起来有微红，显现红丝的即可(俗称白腚果)。过了 3 月中旬，辽宁发往南方的鲜果成熟度达到 7 分时，全程需要冷链运输。

三、鲜果采收方法

鲜果采收时用拇指和食指掐断果柄，手指尽量不触碰果面，轻拿轻放，采摘的果实要求果柄短。将果实摆放于长 × 宽 × 高为 50cm×30cm×8cm 的具有海绵垫孔穴的白色 PVC 材质的塑料筐内，每个穴摆放一个鲜果，果实间不接触。采收鲜果期间，采收人员站在垄中间，半蹲，左手臂将塑料筐擎起，顺垄逐行推进，将成熟的大小鲜果全部采收。采收后，将鲜果集中到包装车间，进行二次分装，按照果实的分级标准进行分拣、装盒。

田间利用加有孔穴海绵垫的塑料筐作为盛装物，采收鲜果后放到海绵垫上

四、包装方法

本地市场销售的，可以用筐、瓷盆、泡沫盒，混装或者分级后直接送入市场进行销售；也可以用塑料盒包装，每盒装果 450g 左右，装入纸箱或手提袋内就近销售。通过电商快递外地市场销售的，目前主要采取两种方法，一种是抽真空单层果塑料袋包装方法，一般每个包装袋 24 ～ 26 个果实，重量大约 0.75kg，果实用单层网套套住后均匀平放到硬质托盘中，再放到软的塑料袋中抽真空，然后集中快递发送；另一种是果实加两层网套泡沫箱包装方法，2.5kg 装的标准泡沫箱，可以装经过两层网套包装的鲜果，尽量占满泡沫箱内空间，避免果实窜动。通过超市和批发市场销售的，销量比较大的，可以采收后分级包装到单层泡沫箱或者单层塑料筐内，用撕裂膜固定果实后，多层摆放到保温罐车内，汽运到目的地。3 月中旬以后，气温逐步升高，南方果实采收逐步结束，此时对北方果实的需求量明显增加，北方的果实需要冷链运输车才能保障鲜果安全到达南方的销售地点，没有冷链保障的快递运输逐步停止。

适合电商发空运的量相对较少的，一般采取就地包装，单果套单层网套，装入 PVC 塑料盒，每盒装 0.75kg 鲜果，用发泡薄塑料隔垫包裹，果实温度控制在 10℃ 以下，外层套包装袋抽真空。抽真空后，两个真空袋放到一个泡沫箱内，根据运送距离，外加一次性纸壳箱或者保温垫后打好外包装，当天发货，一般国内 48h 内送达。

草莓单果套单层网套及真空包装机

草莓鲜果包装抽真空

　　北方草莓鲜果大量上市后，销售到江苏、浙江、广东等较远的地区，需要采取工厂化包装方式，利用冷链运输，温度控制在 5 ~ 8℃，24h 运输到目的地，目的地草莓货架期在 3 ~ 5d，以满足市场的需求。

集中分拣、分级、套网套、称重、装箱　　　　单个箱打好包装后，集中堆放，等待运输

待发南方的草莓鲜果

草莓鲜果销售到北京及东北三省的，可以直接利用塑料筐、保鲜膜包装。

单个塑料盒摆放 3 层果（章姬），装车后一般摆放 10 层塑料筐

同批货物的包装标识在形式和内容上应统一。每一包装上应标明产品名称、产地、采摘日期、生产单位名称，标识上的字迹应清晰、完整、准确。对已获准使用地理标志或绿色食品标志的，可在其产品或包装上加贴地理标志或绿色食品标志。

　　精品草莓应按不同品种、规格分别包装，同批草莓其包装规格、质量应一致。内包装采用符合食品卫生要求的纸盒或塑料小包装盒，外包装箱应坚固抗压、清洁卫生、干燥无异味，对产品具有良好的保护作用，有通风气孔。

五、草莓鲜果储藏方法

　　草莓鲜果短期储藏方法：12 月至翌年 2 月，草莓鲜果在常温下可保鲜 4 ~ 6d；3 月以后草莓鲜果最好要随采随销，临时运销困难时，可将包装好的草莓放入通风凉爽的库房内，可保鲜 1 ~ 2d。如果长时间存放，就需冷库储藏，库温维持在 0 ~ 2℃恒温，可储存 7 ~ 10d。

六、草莓鲜果运输方法

　　草莓鲜果运输要用冷藏罐车。果实集中采收后，统一装车，塑料筐、泡沫盒要摆放合理，不能有空隙，防止运输途中颠簸导致装有果实的塑料筐倾倒或碰撞，途中尽量减少颠簸。远途运输时草莓鲜果需在气调库内预冷 6 ~ 12h。在 100km 以内就近销售的，可以因地制宜采取瓷盆装果，标记好果实来源，发运到销售地点，方便果品质量追溯。

七、草莓鲜果分级标准

　　根据草莓鲜果的感官品质、内在品质和用途，可分为特级、一级、二级、三级 4 个级别和等外果。

各级别鲜果指标要求

项目	特级	一级	二级	三级
外观品质基本要求	果实新鲜洁净，果色亮丽，无异味，有本品种特有的香气；果形整齐，带新鲜萼片，种子排列均匀有规律，无病斑或药斑，果面无尘埃泥物，具有适于市场或储藏要求的成熟度			
果形及色泽要求	具有本品种特有的形态特征、颜色特征及光泽，且同一品种、同一等级的不同果实之间形状、色泽均匀一致			
果实着色度要求（%）	≥ 80	≥ 80	≥ 70	≥ 70
单果重（g）	中小果型≥ 25 大果型≥ 35	中小果型≥ 20 大果型≥ 25	中小果型≥ 15 大果型≥ 20	中小果型≥ 10 大果型≥ 15
碰压伤	表面光亮，无碰压伤	表面光亮，无碰压伤	无明显碰压伤，无汁液浸出	无明显碰压伤，无汁液浸出

（续表）

项目		特级	一级	二级	三级
虫蛀果、食心虫		无	无	无	无
密籽头、青白头		无	无	无	无
畸形果实率（%）		≤1	≤1	≤3	≤5
可溶性固形物含量（%）	日本系列	10～12	10～12	8～10	8～10
	欧美系列	8.5～10	8.5～10	7～8.5	7～8.5
总酸含量（%）		<0.85	0.85～0.90	0.90～1.20	≥1.20

第四节
草莓立体栽培技术

目前，我国草莓立体栽培处于发展阶段，主要集中在大中城市郊区的示范基地和科研院所试验场所。辽宁省东港市 2009 年开始草莓立体栽培，主要由辽宁草莓科学技术研究院和部分草莓园区率先在日光温室内利用 A 形架、H 形架和单层平架进行立体栽培试验。经过几年实践摸索，栽培技术逐步提高，2013 年大力推广日光温室后墙栽培技术。目前，东港市日光温室后墙立体栽培草莓普及率达到 95% 以上。

一、立体栽培优势

（1）减轻劳动强度，节约劳动成本。可以直起腰进行疏花疏果、劈老叶、采摘果实等田间劳作。

（2）节约用地，在不增加土地面积的情况下，提高总体产量和经济效益。以后墙立体栽培草莓计算：温室跨度在 10m 内，后墙长 66m 的，按照上下 5 层生产，后墙总长度 330m，每亩可以栽培 3 300 株草莓苗，单株产量 0.4kg，每亩产量可达 1 320kg，按照 30 元 /kg 计算，每亩产值 39 600 元。单层槽式栽培也可增加 30% 的栽培苗量，产量也相应提高。

（3）有利于授粉，由于立体栽培模式空间利用合理，行间通风透气，因此可以明显提高坐果率。

（4）有利于病虫害防治，设施内空气湿度小，灰霉病很少发生，可显著减轻土传病害和其他病虫的危害，为生产绿色食品创造条件。

（5）不受土壤条件限制，不管土壤肥沃与否，甚至在盐碱地、荒坡、荒滩或者水泥地上也能发展，只要营养基质符合要求，就能保证草莓正常生长。

（6）便于提高品质，由于温室内温、光、水、气便于调控，草莓果个和品质都得到明显提高。

二、立体栽培架模式

立体栽培架模式有 A 形架式、H 形多层架式、单层槽式、后墙立体分层式等。

A 形架栽培上下 4 趟 7 个栽培槽

H 形架式上下 4 趟 2 排 8 个栽培槽

H 形架式栽培全景

立体单层槽式栽培比较适合我国北方日光温室，通过生产检验，冬季能够生产出优质鲜果，而且产量高于同面积露地生产的产量。冬季，温室内夜间温度较低，可以采取根颈加热技术，解决低温导致植株生长缓慢的问题。

立体单层槽式栽培利用特制的泡沫槽添加营养基质

立体单层槽式栽培（连栋冷棚）

立体单层槽式栽培结果状态（日光温室）

后墙立体栽培模式：PVC 草莓专用栽培槽、塑料管切面栽培

后墙立体栽培模式：简易式不同标准无纺布槽式栽培

后墙立体栽培：石棉瓦三角形（开张角 60°）栽培

三、栽培基质

立体栽培的基质要具备通气性好、保水、有机质含量适中、pH 5.5 ~ 6.5、能够重复使用等条件，可以购买配制好的基质，也可以因地制宜根据当地现有条件自主配制。

1. 基质配比方法

（1）添加的比例（体积比）。草炭土 25%、蚯蚓粪 30%、风化砂 35%、园土 10%。每立方米中添加钙镁磷肥 250g、珍珠岩 2.5kg（1 袋）、复合肥（20-20-20）150g、豆饼（煮熟）100g、敌百虫（晶体）150g，混拌均匀。

（2）农家配制基质比例（体积比）。干净园土 60%、风化砂 20%、农家肥（发酵猪圈粪、羊粪、牛粪）20%，混拌均匀。

若购买配比好的基质，根据配方基质的特点，进行肥水管理和使用。

2. 基质消毒处理 草莓生长季结束后，在 7 月上旬，可以采用 42% 威百亩水剂 400 ~ 600 倍液进行基质消毒处理。消毒前要对温室内地面和后坡面及草莓植株喷施杀虫剂、杀螨剂，然后检查滴灌设施是否完好。关闭温室风口后，人员撤离出棚室，开始滴灌 42% 威百亩水剂 400 ~ 600 倍液，直到立体栽培槽滴水为止。消毒时间 12 ~ 15d，消毒期结束后，可以适当闷棚。闷棚结束后，打开温室风口通风 3d 左右，将栽培槽上的地膜清理干净，拔除草莓植株并拿至温室外集中填埋，滴灌带卷起放到栽培槽边，以免影响田间劳作。根据秋季草莓苗栽培时间，提前 15d 将消毒后的基质移出栽培槽，室外堆积晾晒，再添加有机质就可以重复使用。

> **温馨提示**
>
> 注意，基质移出栽培槽后，不可高温闷棚，因为栽培槽在高温下会扭曲变形。

四、温湿度管理

温室立体栽培温度管理上白天一般比土壤栽培高 1 ~ 2℃，夜间温度为自然温度。土壤温度一般在 15℃ 左右，比较恒定，能够满足植株根系生长的需求，而立体栽培基质温度一天之中变化较大。在晴天阳光充足条件下，上午 10:00 到下午 2:30，后墙立体栽培基质温度在 23 ~ 26℃（主要受后墙反光和阳光直射影响），立体单层槽式栽培基质温度在 18 ~ 22℃，而夜间温度普遍偏低。在寒冷季节，棚室内温度在 5℃ 上下时，立体单层槽基质温度降到 6 ~ 7℃。因此，立体单层槽式栽培要采取根茎加热技术，维持植株根际温度在 15℃ 以上为好。在草莓定植后，及时铺设塑料管道于根茎附近，在每年 11 月上旬，启动水加热循环系统，将 25 ~ 28℃ 的水循环通过管道增加基质温度，促进植株生长。

日光温室内湿度，营养生长期、花芽分化期控制在 60%，花果期 70% ～ 80%；基质内湿度一般在 70% 左右。后墙栽培槽 2 ～ 3d 浇灌 1 次水，单层槽式栽培 4 ～ 5d 浇灌 1 次水。

五、肥料管理

立体栽培肥料用量相对土壤栽培较少，每亩每次冲施 2kg 水溶肥即可，可以多冲施氨基酸、腐殖酸、黄腐酸及生物菌剂，也可以利用豆饼、红糖、EM 菌剂的发酵水剂滴灌冲施。

> **温馨提示**
>
> 莓农自己配比的栽培基质，每次冲施的肥料比例不宜过大，否则会产生肥害，对草莓根系及叶片造成伤害。

第五节
早春塑料大拱棚栽培技术

早春塑料大拱棚栽培相对于露地栽培，是一种早熟草莓栽培技术。秋季定植以后，草莓经过冬季在自然条件下完成休眠，早春利用设施进行保温加温，来促进草莓植株生长、开花、结果。北方地区，冷棚草莓上市时间一般在每年 4 月中旬至 5 月下旬，结果期 40d 左右。

我国北方地区早春塑料大拱棚栽培具有以下特点：①栽培品种一般休眠较深，需冷量较高，品种抗病性较强，果实个头较大，丰产，优质，比较耐储运；②生产上不需要打破休眠，管理相对简单、省力，一般在开春后开始保温处理就可以；栽培品种主要有爱莎、卡尔特1号、达赛莱克特等，红颜、甜查理不适合早春塑料大拱棚栽培，生产表现徒长、果实小、产量低、果实商品价值不高。

一、品种选择

根据市场需求，选择不同的品种栽培，以鲜食为主的可选爱莎、北辉、达赛莱克特等，鲜食、加工兼有的可选卡尔特1号、全明星、达赛莱克特、达善卡等。

二、园地选择

选择背风向阳、光照条件好、具备灌溉条件、北高南低的平坦地块，土质肥沃的沙质壤土为好。

三、棚室建设

避开雨季开工，土壤封冻之前完成棚室建设，一般建设钢架结构棚室。大棚纵向以南北为佳，根据地形适当调整。棚宽 8 ～ 10m，高 3.5 ～ 4m，长度 100m 左右为宜，棚架间距0.85m。一般每亩地建设成本 2 万～ 2.5 万元。使用期 8 年以上。

棚室建设

四、整地施肥

清理前茬作物，整地施肥。一般每亩施用腐熟农家肥（猪粪、羊粪、牛粪）4 500kg，全层混施。每亩施氮磷钾复合肥 25kg、过磷酸钙 40kg、生物菌剂 50kg，结合深翻，耙平土壤，沟施。地下害虫可以撒施辛硫磷防治。

五、起垄

垄向和棚向一致。垄高 30cm，垄底宽 0.95m，垄面宽 0.4m，垄沟宽 0.2m。垄沟铺设滴灌带。根据棚室面积和水泵水压安装控制阀、确定滴灌管长度。

六、定植及管理

裸根苗定植时间一般在 8 月 25 日前后，假植苗定植时间在 9 月 10 日前后。植株达到 4 叶 1 心以上、株高 20 ～ 25cm 时定植。裸根苗定植过晚，植株营养生长时间不足，越冬时植株弱小，容易产生冻害，影响早春产量。定植前一天，苗床浇水，便于起苗不伤植株根系。裸根苗起苗后按大小分类，符合标准的子苗集中打捆，等待定植。假植苗按照 12cm×12cm 株行距进行假植，假植时沟施磷酸二铵，促进子苗生根发育。起苗时，利用特制铁锹在苗床离地面 15cm 处平铲，对子苗起到断根作用，利于定植后新根的重新生长，子苗根部带有护根土，有利于子苗成活和缓苗。起苗后，及时装盆送到定植田及时定植。发现病苗（真菌、细菌侵染的感病植株）、叶片大小不一致的植株及时清理出来，销毁。

按株距 23 ～ 25cm，小行距 20 ～ 25cm，每亩可定植 6 000 株。

苗床

用铁锹平铲

起苗装盆

定植

定植后

定植后及时浇 1 次透水，前 3d，每天 3 次水，第 4 ～ 7 天，每天两次水，第 8 天后，每天 1 次水，半个月后见干见湿。

定植 10d 后，滴灌冲施生根液、腐殖酸，促进根系发育。30d 后，适当冲施复合肥，每亩 2.5 ～ 3kg，培育健壮植株，15d 一次。10 月中旬后，停止施肥。

定植后 1 周开始叶面喷施杀菌剂、杀虫剂。杀菌剂 7d 一次，共 3 次。杀虫剂一般 2 次即可，见虫杀虫。

浇水

及时人工清除垄间生长的杂草，及时修复坍塌的垄面。

七、越冬管理

一般在 11 月上旬，土壤封冻前浇灌 1 次防冻水，结合浇水垄间沟施复合肥 15kg/ 亩。垄间覆盖白色地膜，地膜上覆盖防寒物，等候越冬。冬季经常检查是否有大风吹开防寒物，地膜是否有破损的地方，如果有，及时处理。

土壤封冻前，在棚室两侧挖坑填埋地锚，预留拉绳。

八、覆盖棚膜保温

北方早春大拱棚保温时间一般在开春前，12 月 20 日前后。选择无风晴天，覆盖棚膜，覆盖棚膜前撤掉防寒物。棚膜为草莓专用聚乙烯无滴膜，厚度0.1mm，一年一更换。一般在棚室西面放塑料膜，向东统一拉拽，上膜后，南北两边抻紧，压膜线压实，防止起风损伤棚膜。

一般在2月15日以后，进入棚内进行田间劳作，收拾老叶，撤掉白色地膜，覆盖黑色地膜，打眼提苗。其间，床面中间沟施复合肥15kg/亩、生物菌剂30kg/亩，盖土压肥。根据土壤墒情，适时滴灌给水，促进植株生长。

为了提早草莓上市时间，可以采取冷棚内起二层拱（农户俗称天膜）、三层拱（农户俗称小拱）的办法，提高夜间温度。二层拱：冷棚内间隔5m起拱一道钢管，最高处和冷棚最高处间隔0.5m即可，钢管上覆盖农膜，白天卷起，晚间放下（下午4:30放下，第二天早晨8:30后卷起）。三层拱：起拱时一般跨两垄，利用竹片起拱，竹片长2.5m，竹片间隔1m，夜间覆盖农膜保温。也可以采取棚架农膜上夜间覆盖草帘白天撤掉的方法，提高棚室夜间温度，提早草莓上市时间。

二层拱　　　　　　　　　　　　　　　三层拱

九、温湿度管理

1. 保温至现蕾期温湿度管理　覆盖棚膜至2月15日前，不需要放风，尽量增加棚内温度，尽快化冻，提高地温，促进植株生长。保温后，白天温度超过30℃，棚内空气湿度较大，需要放风，及时排放湿气。一般进行地脚放风，风口距离地面40cm以上，风口开到0.5m以内。

2. 现蕾期温湿度管理　植株越冬叶一般在3～4片，新发生的叶达到4片时，开始现蕾。现蕾期温度白天控制在23～29℃，夜间7～10℃。加强湿度管理，不可过高或者过低，避免对花粉造成影响。

3. 花期温湿度管理 花期温度白天控制在 24 ～ 28℃，夜间 10℃左右，避免出现 32℃以上的高温和 2℃以下的低温。空气湿度 50% 左右。

4. 果实膨大期温湿度管理 白天温度 23 ～ 26℃，夜间 8 ～ 10℃。空气湿度 60% 左右。果实膨大期保持适宜的温度有利于果实膨大、着色。温度过高，果实膨大快，色泽差，果实小，产量降低；温度过低，果实个头大，生长缓慢，采收延迟。

十、植株及花果管理

定植后植株发生的腋芽必须全部除掉，单株叶片保留 15 片左右。根据植株的长势，合理控旺，株高保持在 28cm 以内比较合适。植株抽生的花序一般有 4 ～ 6 条，全部保留，不需要疏花疏果，清理病果、畸形果即可。

开花结果

十一、放养蜜蜂

10% 植株开花，即可在冷棚内放养蜜蜂。蜜蜂进棚后，需要喂食蜂蜜水。蜂箱放置在棚室内中间位置，离地面 30cm。

草莓早春塑料大拱棚栽培其他管理与日光温室大致相同。

十二、果实采收

早春塑料大拱棚草莓果实主要以鲜食为主，部分品种可以用于加工。一般在清晨采收，果实采收成熟度为 8 分，果面呈红色，有芳香味。鲜果采收时，近距离销售，留果柄 3cm长，远距离销售，不留果柄。根据市场和客户需求，决定草莓鲜果包装方式。本地市场销售的，可以用筐、瓷盆等；电商快递销售，采取抽真空包装方式；批发市场销售的，装单层泡沫箱或者单层塑料筐均可。

十三、休整期

果实采收后至下茬栽培间隔大约60d，为休整期。休整期内及时清理田间草莓植株及杂物，带至棚外晒干后集中销毁。栽培时间较长的田块，可以利用休整期进行土壤消毒处理。消毒处理后等待栽培下一茬。

第六节
草莓露地栽培技术

草莓露地栽培是指在自然条件下不采用任何保护设施的一种草莓田间生产形式，生产上宜采用1年栽培3～4年结果的方法。一般春季露地定植草莓苗，当年完成花芽分化，越冬后第二年春季收获。草莓露地栽培投资少，见效快，生产成本低，栽培技术比较简单，适合订单生产。

一、地块选择

草莓栽培应选择光照充足、地势平坦、通透性好、土质肥沃、排灌方便的壤土或沙质壤土地块。土质黏重或盐碱地栽培草莓产量低、品质差，需多施有机肥或秸秆还田，进行改良后再利用。另外还要考虑前茬作物，前茬作物以豆科作物、小麦或瓜类蔬菜为好，前茬作物为番茄、辣椒、马铃薯、甜菜的，后茬不宜栽培草莓。此外，还要考虑劳动力是否充足、交通是否方便等因素，生产基地最好距离加工厂较近。

二、土壤准备

栽培田块选好后，一般在当年冬季要彻底清除田间杂草，采用全层混施的方法，每亩施入腐熟农家肥 1.5 ~ 2t，草莓专用复合肥 20 ~ 40kg。然后进行土壤耕翻，深度为 30 ~ 40cm，耕翻时应仔细清除杂草及前茬作物的残根。耕翻后起垄，床面耙平耙细，等待翌年春季定植。

三、品种选择

露地栽培主栽品种为哈尼，具有耐寒、抗病性强、休眠浅、产量高的特性。在辽宁丹东地区加工品种选择哈尼、森加森加拉、达赛莱克特等。

四、草莓苗培育与定植

露地栽培的草莓苗选用脱毒苗繁育的第 2 ~ 4 代苗均可，应选用苗圃里繁育的当年匍匐茎苗作为母苗。定植种苗应具有 3 片以上正常展开叶，6 条以上 8cm 长的须根，新茎粗度在 0.8cm 以上。

辽宁丹东地区提倡大垄双行栽植。大垄距 120cm，垄高 20 ~ 25cm，小行距 25 ~ 30cm，株距一般在 14cm，每亩定植 8 000 ~ 10 000 株，栽植深度应以"深不埋心，浅不露根"为宜。

目前生产上多采用 1 年栽培 3 年结果的栽培模式，以春季定植为主，不宜采取秋季定植的模式。秋季定植一般在 8 月 25 日前后，此时温度高，定植后植株成活率较低，劳动力成本高，不宜采取这种栽培模式。

定植日期在每年 4 月初为好，选择阴或多云无风天气，开始定植。定植后应立即浇透水，封窝培土，覆盖 1.2m 宽的黑色地膜，打眼掏苗，地膜用土压实，防止大风吹开。覆盖黑色地膜具有保温保湿、提高定植苗成活率、防止杂草滋生的作用。定植后，通过膜下滴灌 1 周内浇 2 次水，促进植株生长。没有滴灌设施的田块，定植后浇水 3 次，保苗成活，生育期内以自然雨水满足草莓生长对水分的需求。半个月后发现死苗，及时补栽；1 个月后发现死苗，直接拔掉，就近引领新抽生的子苗定植到死苗的位置。

五、田间管理

（一）土肥水管理

草莓定植 1 周后，利用打眼施肥机打眼施肥，每亩施复合肥 7.5kg（20-20-20），肥料距离植株 10 ~ 12cm（肥料离植株 10cm 以内，容易烧根）。缓苗后至 5 月 1 日前后，根据植株长势可以追肥 1 次，每亩施 10kg 复合肥（20-20-20），此时部分草莓开始抽生匍匐茎，及时从垄面中间扒开黑色地膜至植株附近，防止地膜烫伤匍匐茎。8 月末至 9 月初，露地草莓进入花芽分化期。花芽分化期是植株对养分需求的关键时期，也是决定翌年是否高产的关键时期，此期每亩穴施 25 ~ 30kg 复合肥（20-20-20），一般采取垄面中间开沟的方式，肥料沟施后盖土浇水，或者小雨前施肥。

滴灌浇水，保持土壤适宜含水量，促进植株生长。定植后是需水关键时期，土壤不可缺水。没有滴灌浇水设施的地块，收集自然雨水进行浇灌以满足草莓生长对水分的需求。

（二）植株管理

露地草莓生产由于地面覆盖黑色地膜，不用人工除草。垄面中间的黑色地膜扒开至植株根茎部位后，对抽生的匍匐茎可以采取定向引领定植的方法，将匍匐茎定植到植株双行间缺苗的位置，利用草莓专用塑料卡将子苗破膜定植（卡住根茎部位固定到土壤中）；垄面地膜扒开至植株附近后，也可采取垄面中间匍匐茎自然扎根生长的方法，此种方法用工量少于第一种管理方法，但第一种管理方法的产量高于第二种管理方法。两种匍匐茎管理方法，当年生产地每亩保苗 2.5 万株左右。

（三）病虫草害防治

扒开黑色地膜后，及时整理摆放抽生的匍匐茎，全年进行 3 ~ 4 次人工除草，基本可以避免杂草的危害，垄沟杂草采取机械旋耕清除。病虫害采用药剂防治两次，5 月初一次，重点防治根腐病、炭疽病、枯萎病，药剂中添加防治蚜虫的药剂；8 月 20 日前后一次，重点防治炭疽病、枯萎病，药剂中添加防治芽线虫的药剂。9 月 20 日前后，在杂草不能旺盛生长的阶段，揭掉黑色地膜，10 月中旬，清理杂草 1 次。

（四）适时防寒

定植当年冬季，一般在 11 月上旬，应扣白色地膜防寒，扣膜前 3d 田间浇灌 1 次透水，俗称封冻水。扣膜时一定将垄面的草莓植株覆盖住，膜的两边用土压严，压土间距 1.5m，垄面压土间距 3m，地膜要抻紧。当最高气温 -5℃ 以下时，在膜上覆盖稻草、秸秆或防寒棉被等防寒物，稻草、秸秆厚度 10cm 左右。地膜上面也可不覆盖防寒物，但冬季要及时检查有无大风吹开地膜的情况。

覆盖白色地膜   覆盖秸秆

六、定植后第二年的管理（第一次结果期）

（一）适时去除防寒物

当气温回升，日平均气温高于 0℃时，撤去膜上覆盖的稻草、秸秆或防寒棉被等防寒物，当草莓开始生长，新叶展开时，撤去地膜。保留地膜能使草莓提前现蕾开花，但是当撤膜后遇到晚霜危害时会造成畸形果，严重减产。因此生产上一般在 3 月上中旬，根据当年天气情况，尽早撤去地膜。

只覆盖一层地膜防寒越冬的，撤膜时间一定要控制好，不能过迟，否则草莓在膜下已开始生长，撤膜后可能受到晚霜危害，使花果遭受冻害造成严重减产。

（二）开花前 2.5 遍除草法

草莓植株经过冬季自然休眠后，第二年春季开始萌发、生长，一般在抽生 4 ~ 5 片叶后，开始现蕾、抽生花序、开花授粉、坐果膨大、着色成熟。

开春揭开地膜后，将地膜集中移出田间，进行无害化处理。揭开地膜 1 周内进行第一遍除草，在草莓垄面地表化透、表土稍干时进行。人工利用小锄头清理田间垄面杂草，用大锄头铲除垄沟杂草，深度 3cm 左右，以不伤根系为度。除草的同时拔除感病和感染芽线虫的草莓植株，清理植株病老死叶，带出田间集中销毁。中耕除草具有打破土壤上下通气孔、打碎板结的耕层土壤、保墒、除草及提高地温的作用，可为根系生长创造良好的环境条件。第二遍除草在开花前 1 周内进行，此阶段田间杂草较多，除草方法参考第一遍。第三遍在采收前进行，由于此时草莓植株生长旺盛，杂草生长缓慢，人工捡 1 遍大草即可。由于第三遍没有人工用锄头除草，用工量较低，也称 2.5 遍除草法。至果实采收结束不再进行人工除草。

（三）灌水施肥

1. 灌水 有灌溉条件的地块，揭开地膜后至现蕾前大水灌溉1次，隔行灌溉；有滴灌条件的，生长开花期土壤含水量保持在70%左右，果实膨大期至采收期土壤含水量保持在70% ~ 80%。

2. 施肥 揭开地膜后结合人工除草，开始第一次追肥，每亩追施10kg复合肥，在草莓垄间开沟施肥，施肥后盖土浇水，满足草莓生长需求。第二次施肥在5月10日前后，采取垄面沟施盖土的方式，每亩施高钾型复合肥20 ~ 30kg，施肥后浇水或者中雨前施肥。在果实膨大期至采收期喷施叶面肥2 ~ 3次，添加碳乐康，增加植株抗逆性。花期不能喷施，以免影响授粉率。

露地哈尼草莓春季一般一株可以抽生3 ~ 5个花序，每个花序上有8 ~ 12朵花，有效果2 ~ 4个，株产100g左右，亩产2 ~ 2.5t。不采取疏花疏果措施。

（四）果实采收

露地草莓坐果后果实自然垂落到垄面上。草莓果实成熟后要及时采收，防止采收过晚果实腐烂和加重病害的发生。果实采收前集中培训采收工人，明确采收果实的成熟度和采收的方法。协调搬运果实的工人，及时将采收的果实运出田间，并进行遮光暂时保存，当天运送至加工厂。采收期每亩地需要采收人员10人，每人每天采收面积0.5亩左右，每人每天采摘125 ~ 150kg。

结果期

在果实7 ~ 8分熟时进行人工采收，不带果梗。初果期可以隔天一采，盛果期每天一采，一般50亩以上的地块，每天采收25亩，连续采收。采收时间从清晨开始，中午温度高不适合采收，下午 2:00 以后继续采收。采收容器以桶为主，方便运送，采收后及时装进塑料筐，运输工人送到地头准备统一运送至加工厂。采收时应轻拿轻放，病果、烂果、虫眼果不要装进塑料筐内。

采收现场

（五）采收后田间管理

1. 除草　采收结束后至越冬前，进行 3 ~ 4 次人工除草，基本可以避免杂草的危害，垄沟杂草采取机械旋耕清除或者利用除草剂杀灭。

2. 药剂防治　用药两次，4 月中旬一次，重点防治根腐病、炭疽病、枯萎病，药剂中添加防治红蜘蛛、蚜虫的药剂；8 月 20 日前后一次，重点防治炭疽病、枯萎病，药剂中添加防治芽线虫的药剂。生产中根据病虫害发生情况，掌握药剂防治的时间、方法和次数。

3. 植株管理　草莓采收结束后，垄面匍匐茎抽生的子苗定向栽培的，田间劳作期间，利用锄头清理掉约 60% 的两年生老植株，尽量保留上年子苗长成的植株，作为翌年结果的母株；垄面子苗自然生长栽培的，随机清理，并清理掉约 60% 的两年生老植株，重新引插当年发生的子苗。

清理掉苗床中间两年生的老化植株

4. **越冬防寒** 参考上年度采取的方法。

七、定植后第二年的管理（第二次结果期）

参考上年管理。

八、定植后第二年的管理（第三次结果期）

参考上年管理。

目前生产上一般采取春季草莓种苗定植后，连续结果 3 年的栽培模式。第三年草莓采收后，全层旋耕，恢复种植粮食作物，草莓生产另选地块。

第三章

草莓病虫草害防治技术

Strawberry

　　草莓病虫害防治坚持"预防为主，综合防治"的植保方针，优先使用农业防治、生物防治、物理防治方法，采取选用抗病虫品种、活化土壤、平衡施肥、合理轮作、改善生态条件及释放天敌和使用杀虫灯等措施，控制病虫草害的发生，满足草莓正常生长对环境条件的要求，生产出优质、安全的果品。

第一节
侵染性病害

一、草莓炭疽病

草莓炭疽病为真菌病害，病原为半知菌类毛盘孢属草莓炭疽菌。病原以分生孢子形态在发病组织或落地病残体中越冬，分生孢子在田间借助雨水及带菌的操作工具、病叶、病果等进行传播，是草莓苗期的主要病害之一，近几年在我国北方部分地区呈毁灭性危害。

1. 症状　草莓炭疽病主要发生在育苗期（匍匐茎抽生期）和定植初期，结果期很少发生，主要危害匍匐茎、叶柄、叶片和果实，染病后的明显特征是草莓茎、叶受害，造成局部病斑和全株萎蔫枯死。匍匐茎、叶柄、叶片染病，初始产生直径 3～7mm 的黑色纺锤形或椭圆形溃疡状病斑，稍凹陷；当匍匐茎和叶柄上的病斑扩展成为环形圈时，病斑以上部分萎蔫枯死，湿度高时病部可见肉红色黏质孢子堆。该病除引起局部病斑外，还易导致感病品种尤其是感病品种秧苗成片萎蔫枯死；当母株叶基和短缩茎发病时，初始 1～2 片展开叶失水下垂，傍晚或阴天恢复正常，随着病情加重，则全株枯死。虽然不出现心叶矮化和黄化症状，但若取枯死病株根冠部横切面观察，可见自外向内发生褐变，而维管束未变色。果实受害产生近圆形病斑，淡褐至暗褐色，软腐状并凹陷，后期也可长出肉红色黏质孢子堆。

草莓炭疽病叶片和叶柄症状

草莓炭疽病果实症状

草莓炭疽病茎症状　　　　　　　　　　　　　草莓炭疽病根症状

2. 发病特点　该病是典型的高温高湿型病害，病菌侵染最适气温为 28～32℃，相对湿度在 90% 以上。5 月下旬后，当气温上升到 25℃ 以上时，草莓匍匐茎或近地面的幼嫩组织易受病菌侵染。7—9 月，在高温高湿条件下，病害高发期出现，病菌传播蔓延迅速，特别是连续阴雨或阵雨 2～5d 或台风过后通风透光差的草莓育苗田发病严重，可在短时期内造成毁灭性的损失，危害严重的育苗田块生产苗发病率达到 85% 以上，死亡率达到 50% 以上，余下的生产苗也无法使用。另一个发病期在草莓苗定植后到翌年 1 月中旬，夏季感染炭疽病的病株逐步发病，陆续死亡。

3. 防治方法

（1）选用脱毒苗作为种苗繁育生产苗。

（2）选择疏松、透气、沙质壤土的生茬地育苗；北方地区育苗田每亩繁育草莓苗 4.5 万株以内为宜，不宜过密；7 月后停止施用氮肥，提高植株抗病力；及时清除育苗田内发病植株，一般发病植株 1m² 范围内的其他植株均须清除；及时拔除温室生产开花结果期间发生的病株。

（3）药剂防治。药剂防治是生产上防控草莓炭疽病的重要措施之一。经常检查草莓匍匐茎、叶片等易感病部位，发现初始病斑随即用药防治。6 月中旬至 8 月末，在育苗季，每 7d 喷 1 次药剂，雨后补充喷施药剂。药剂使用方法：80% 代森锰锌可湿性粉剂 20g+22.7% 二氰蒽醌悬浮剂 15mL，或 20% 噻菌铜悬浮剂 40mL，或 25% 溴菌腈可湿性粉剂 20g+25% 咪鲜胺乳油 20mL，或 25% 吡唑醚菌酯乳油 12mL、25% 嘧菌酯悬浮剂 10mL，分别添加 80% 代森锰锌可湿性粉剂 20g，或 43% 氟菌·肟菌酯悬浮剂 15mL+60% 吡唑·代森联水分散粒剂 18mL，或 75% 肟菌·戊唑醇水分散粒剂 8mL+70% 甲基硫菌灵可湿性粉剂 25g，或 50% 咪鲜胺锰盐可湿性粉剂 8g+15% 烯唑醇可湿性粉剂 15mL，或 10% 苯醚甲环唑水分散粒剂 20g+80% 代森锰锌可湿性粉剂 20g，兑水 15kg；或 25% 咪鲜胺乳油 600 倍液，或 45% 咪鲜胺水乳剂 900 倍液，或 25% 溴菌腈乳油 750 倍液，或 4% 嘧啶核苷类抗菌素水剂 400 倍液，或 80% 福·福锌可湿性粉剂 800 倍液，或 20% 噁霉·乙蒜素可湿性粉剂 1 500 倍液。7月上中旬可以喷施 75% 肟菌·戊唑醇水分散粒剂（添加有机硅）2 500 倍液 1～2 次，8月上旬前停止喷施唑类药剂。

二、草莓白粉病

草莓白粉病为真菌病害，病原为子囊菌门单囊壳属羽衣草单囊壳菌。病原是专性寄生菌，以菌丝体或分生孢子在病株或病残体中越冬和越夏，成为翌年的初侵染源，主要通过带菌的草莓苗等繁殖体进行中远距离传播。环境适宜时，病菌借助气流或雨水扩散蔓延，以分生孢子或子囊孢子从寄主表皮直接侵入。草莓白粉病主要危害叶、叶柄、花、花梗和果实，匍匐茎上很少发生。

1. **症状** 叶片染病，发病初期在叶片背面长出薄薄的白色菌丝层，随着病情的加重，叶片向上卷曲呈汤匙状，并产生大小不等的暗色污斑，之后病斑逐步扩大同时叶片背面产生一层薄霜似的白色粉状物（即为病菌的分生孢子梗和分生孢子），发生严重时多个病斑连接成片，可布满整张叶片；后期呈红褐色病斑，叶缘萎缩、焦枯。花蕾、花染病时，花瓣呈粉红色，花蕾不能开放。花受害后，花粉失去活性，授粉不良，花托表面被白粉包裹，不能正常膨大。果实受害严重时，果面着色缓慢，果实失去光泽并硬化，果实白粉状，不能食用，严重影响浆果质量，并失去商品价值。

草莓白粉病叶片症状　　　　　　　　　　　　草莓白粉病果实症状

2. **发病特点** 经潜育后表现病斑，7d 左右在受害部位产生新的分生孢子，重复侵染。病菌侵染的最适条件为 15～25℃，相对湿度 80% 以上，但雨水对白粉病有抑制作用，孢子在水滴中不能萌发，低于 5℃和高于 35℃均不利于发病。在北方，草莓发病敏感期为露地育苗期的 6月中旬至 9月中旬，温室生产发病敏感期在开花后幼果期至 3月中旬开风口时，发病潜育期为 5 ~ 10d。草莓生长期间高温干旱与高温高湿交替出现时，病情加重。温室生产发病临界面积为 30%，发病面积超过 30%，很难防治。

3. 防治方法

（1）选择脱毒母苗作为母株繁育生产苗。

（2）育苗地选择有机质含量丰富的生茬地，以沙壤土为好。

（3）日光温室定植前清理上茬作物，并进行土壤消毒处理。发病期，及时清除病株残体、病果、病叶、病枝等，集中带到室外深埋，消灭菌源。采收结束后，彻底清除病残落叶及残体并进行土壤消毒。

（4）合理施用氮肥，植株栽培密度合理，避免果农之间互相"串棚"，尤其是流动雇工，从事发病田劳作后，当天不能到其他草莓田劳作。发现病枝、病果要尽早在晨露未消时轻轻摘下，及时处理。

（5）药剂防治。设施栽培的一般在下午 3:00 后施药，为了提高药效，可添加渗透剂，要注意防止药量过大对草莓产生药害。

①硫黄熏蒸预防白粉病。日光温室利用硫黄熏蒸技术能有效抑制白粉病的危害。在日光温室内每 80 ~ 100m² 安装一台熏蒸器，熏蒸器内盛 99% 硫黄原药 20 ~ 30g，在傍晚日光温室盖帘后开始通电加热熏蒸。可以安装定时器，隔天熏蒸 1 次，每次 4h，其间注意观察，硫黄粉不足时及时补充。发病严重的时候，每天晚间熏蒸 10h，隔 3d 一次，连续熏蒸 2 次，如果熏蒸时间过长，则会加速叶片老化。熏蒸器垂吊于温室中间往北 1 ~ 2m，距地面 1.5m处（为防止硫黄受热升华为气体而飘落到棚膜上造成棚膜硬化，可在熏蒸器上方 1m 处设置一伞状废膜用于保护大棚膜）。硫黄熏蒸对蜜蜂无害。如果棚内夜间温度超过 20℃，要酌减药量。

②喷施 25% 乙嘧酚磺酸酯微乳剂 2 500 倍液，或 25% 吡唑醚菌酯水乳剂 1 500 倍液，或29% 吡萘·嘧菌酯悬浮剂 2 000 倍液，或 80% 代森锰锌可湿性粉剂 600 倍液，或 75% 百菌清可湿性粉剂 800 倍液，或 70% 甲基硫菌灵可湿性粉剂 1 200 倍液，或 80% 福美双可湿性粉剂 1 000 倍液，或 12.5% 腈菌唑可湿性粉剂 2 000 倍液（含有唑类的药剂有蹲苗作用，避免花期使用），或 25% 三唑酮可湿性粉剂 1 500 倍液，或 43% 氟菌·肟菌酯悬浮剂 3 000 倍液，或 30% 啶酰菌胺悬浮剂 2 000 倍液，或 2% 嘧啶核苷类抗菌素水剂 300 倍液 +25% 嘧菌酯悬浮剂 2 000 倍液 + 黏着剂。

三、草莓褐色轮斑病

草莓褐色轮斑病为真菌病害，病原为半知菌类球壳孢目拟茎点霉属真菌。以草莓育苗地和露地栽培危害较重。草莓轮斑病主要危害叶片、叶柄和匍匐茎。

1. 症状 发病初期，在叶面上产生紫红色小斑点，并逐渐扩大成圆形或近椭圆形的紫黑色大病斑，此为该病明显特征。病斑中心深褐色，周围黄褐色，边缘红色、黄色或紫红色，病斑上有时有轮纹，后期会出现小黑斑点（即病菌分生孢子器），严重时病斑连成一片，致使叶片枯死。病斑在叶尖、叶脉发生时，常使叶组织呈 V 形枯死。

草莓褐色轮斑病叶片症状

2. 发病特点　病菌以分生孢子器及菌丝体在落地病叶组织或病残体中越冬，成为翌年初侵染源。越冬病菌到翌年 6—7 月气温适合时产生大量分生孢子，借雨水溅射和空气传播进行侵染，而后病部不断产生分生孢子进行多次再侵染，加重危害。

3. 防治方法

（1）加强育苗田培育管理，合理规划育苗量，植株间要通风透光，减少氮肥施用量，促使植株健壮，提高自身抗逆能力。

（2）清洁田园，适时摘除病叶、老叶，并集中销毁。

（3）药剂防治。10% 嘧菌酯悬浮种衣剂 800 倍液浸苗 15min 左右，待药液晾干后定植，或喷施 70% 甲基硫菌灵可湿性粉剂 500 倍液，或 75% 百菌清可湿性粉剂 600 倍液，或 2% 嘧啶核苷类抗菌素水剂 200 倍液，或 40% 多·硫悬浮剂 500 倍液，或 27% 高脂膜乳剂 200 倍液 +75% 百菌清可湿性粉剂 600 倍液，每 7 ～ 10d 喷 1 次，连喷 2 ～ 3 次。

四、草莓 V 形褐斑病

草莓 V 形褐斑病为真菌病害，病原为子囊菌门核菌纲球壳菌目间座壳科真菌，主要危害叶片，还可侵害花和果实。

1. 症状　此病在老叶上初为紫褐色小斑，逐渐扩大呈褐色不规则病斑，周围常呈暗绿或黄绿色。在嫩叶上病斑常从叶顶开始，沿中央主脉向叶基呈 V 形迅速发展，形成 V 形斑，故称 V 形褐斑病，病斑褐色，边缘浓褐色，病斑内可相间出现黄绿红褐色轮纹，最后病斑内全面密生黑褐色小粒（分生孢子堆）。一般 1 个叶片只有 1 个大斑，严重时从叶顶伸达叶柄，乃至全叶枯死。侵害花和果实，可使花萼和花柄变褐死亡，引起浆果干性褐腐，病果坚硬，最后为菌丝所缠绕。

草莓 V 形褐斑病叶片症状

2. 发病特点　该病菌以菌丝体和分生孢子器在病组织内越冬，越冬病菌产生分生孢子，借雨水溅射传播进行初侵染；后以分生孢子进行再侵染。一般平均气温 17℃开始发病，病菌生长最适温度 25 ~ 30℃。温暖高湿，时晴时雨有利于该病害发生。

3. 防治方法

（1）露地草莓定植前清除田间及四周杂草，集中销毁或沤肥；深翻土壤灭茬，促使病残体分解，减少病源和虫源。

（2）育苗母株选择品种纯正、生长健壮、根系发达的无病种苗，育苗期间严禁连续灌水和大水漫灌。

（3）秋季定植前，喷施 1 次防病治虫的混合药剂，带土移栽，移栽时剔除病、弱苗。

（4）温室施用沤制的堆肥或腐熟的有机肥，施用的肥料不得含有同科作物病残体。

（5）药剂防治。用 50% 腐霉利可湿性粉剂 800 倍液，或 25% 多菌灵可湿性粉剂 300 倍液，或 50% 福美双可湿性粉剂 500 ~ 700 倍液，或 75% 百菌清可湿性粉剂 500 ~ 700 倍液，或 65% 代森锌可湿性粉剂 500 倍液，或 70% 甲基硫菌灵可湿性粉剂 1 000 倍液，或 2% 嘧啶核苷类抗菌素水剂 200 倍液，或 2% 武夷菌素（BO-10）水剂 200 倍液，或 2% 春雷霉素水剂 1 000 ~ 2 500 倍液，或 25% 嘧菌酯悬浮剂 1 000 ~ 2 500 倍液喷洒，隔 7 ~ 10d 喷 1 次，连续防治 2 ~ 3 次，采收前 5d 停止用药。

五、草莓蛇眼病

草莓蛇眼病为真菌病害，病原是座囊菌目座囊菌科真菌，也称草莓白斑病、草莓叶斑病。主要危害叶片，大多发生在老叶上，叶柄、果梗、嫩茎和浆果及种子也可受害。

1. 症状 叶上病斑初期为暗紫红色小斑点，随后扩大成直径 2～5mm 的圆形病斑，边缘紫红色，中心部灰白色，略有细轮纹，酷似蛇眼。病斑发生多时，常融合成大型斑。病菌侵害浆果上的种子，单粒或连片侵害，被害种子连同周围果肉变成黑色，丧失商品价值。

草莓蛇眼病叶片症状

2. 发病特点 病菌以菌丝或分生孢子越冬，也可产生细小的菌核越冬，还有的以产生的子囊壳越冬。翌年春天产生分生孢子或子囊孢子进行传播和初侵染，后期病部产生分生孢子进行再侵染，病菌和表土上的菌核是主要传播载体。病菌生育适温为 18～22℃，低于 7℃或高于 23℃发育迟缓。秋季和春季光照不足、天气阴湿发病重；重茬田、管理粗放及排水不良地块发病重。

3. 防治方法 参考草莓 V 形褐斑病防治方法。药剂防治如下：用 70% 代森锌可湿性粉剂 350 倍液，或 77% 氢氧化铜可湿性粉剂 500 倍液，或 14% 络氨铜水剂 300 倍液，或 72% 霜脲·锰锌可湿性粉剂 700 倍液，或 69% 烯酰·锰锌可湿性粉剂 600 倍液，或 50% 琥胶肥酸铜可湿性粉剂 500 倍液，或 30% 碱式硫酸铜悬浮剂 400 倍液，或 75% 百菌清可湿性粉剂 500 倍液，或 70% 乙铝·锰锌可湿性粉剂 500 倍液，或 60% 锰锌·氟吗啉可湿性粉剂 750～1 000 倍液，或 50% 琥铜·甲霜灵可湿性粉剂 600 倍液，7～10d 喷施 1 次，共喷施 2～3 次，采收前 5d 停止用药。

六、草莓黄萎病

草莓黄萎病为真菌病害，病原是半知菌类丝孢纲丛梗孢目丛梗孢科真菌。危害叶片、叶柄、果梗和根茎，根茎部位受害能够引起植株萎蔫死亡。

1. 症状 初侵染外围叶片、叶柄产生黑褐色长条形病斑，叶片失去生气和光泽，从叶缘和叶脉间开始变成黄褐色萎蔫，干燥时枯死。新嫩叶片感病表现无生气，变灰绿或淡褐色下垂，继而从下部叶片开始变成青枯状萎蔫直至整株枯死，病株死亡后地上部分变黑褐色腐败。当病株下部叶片变褐色时，根便变成黑褐色而腐败。有时植株的一侧发病，而另一侧健康，呈现所谓"半身凋萎"症状。

草莓黄萎病症状

2. 发病特点　病菌在寄主病残体内以菌丝体或厚垣孢子或拟菌核在土壤中越冬，或在病残体及混有病残体的堆肥中及种子内外越冬，一般可存活 6 ~ 8 年。带菌土壤是病害侵染的主要来源。环境条件适宜时，病菌借助带病母株、土壤、水源及农具等进行传播，从植株根部伤口或直接从幼根的表皮和根毛侵入，在植株维管束内繁殖，不断扩散到植株叶及根系，引起植株系统性发病，最后干枯死亡。病菌喜温暖潮湿环境，发病最适温度 25 ~ 28℃，相对湿度 60% ~ 85%。草莓黄萎病的发病盛期在育苗中后期、假植期和定植初期，此病危害性大，是顽固性土传病害。

3. 防治方法

（1）育苗母株选择品种纯正、生长健壮、根系发达的无病种苗，育苗期间严禁连续灌水和大水漫灌。实行轮作制，育苗田轮作 5 年以上，避免连作重茬。

（2）使用棉隆或氰氨化钙或威百亩进行土壤消毒。

（3）栽种无病健壮苗。无病母株可采用避雨育苗的"空中采苗"方式获得的穴盘苗。

（4）移栽时用 70% 甲基硫菌灵可湿性粉剂 500 倍液，或 25% 嘧菌酯悬浮剂 1 000 ~ 2 500 倍液浸根或栽后灌根。结果期间发病时喷洒 58% 甲霜·锰锌可湿性粉剂或 64% 噁霜·锰锌可湿性粉剂 500 倍液，5 ~ 7d 一次，连喷 2 ~ 3 次。

七、草莓枯萎病

草莓枯萎病为真菌病害，病原为半知菌类丛梗孢目瘤座孢科镰孢属尖孢镰孢菌，是危害草莓根部的病害。

1. 症状　草莓枯萎病多在苗期或开花至收获期发病。初期仅心叶变黄绿或黄色，有的卷缩或呈波状产生畸形叶，叶片失去光泽，植株生长衰弱。老叶呈紫红色萎蔫，后枯黄，最后全株枯死。草莓枯萎病与黄萎病表现相近，但枯萎病心叶黄化、卷缩或畸形，主要发生在高温期，区别于黄萎病。

草莓枯萎病症状

2. 发病特点　该病通过病株和病土传播，主要以菌丝体和厚垣孢子随病残体遗落土中或在未腐熟的带菌肥料及种子上越冬。病菌在病株分苗时进行传播蔓延，当草莓移栽时厚垣孢子萌发，病菌从根部自然裂口或伤口侵入，在根茎维管束内进行繁殖、生长发育，形成小型分生孢子，并在导管中移动、增殖，通过堵塞维管束和分泌毒素，破坏植株正常输导机能而引起萎蔫。连作或土质黏重、地势低洼、排水不良都会使病害加重。

3. 防治方法

（1）应用脱毒苗繁育生产苗，定植无病苗。

（2）设施栽培施用发酵腐熟的堆制农家肥。

（3）温室生产发现病株及时拔除，集中销毁，病穴用 70% 甲基硫菌灵可湿性粉剂 500 倍液、生石灰进行消毒处理。

（4）草莓采收后，采用威百亩或棉隆或氰氨化钙进行土壤消毒。

（5）药剂防治。定植前用药剂浸苗，如用 25% 嘧菌酯悬浮剂 1 000 倍液或 70% 甲基硫菌灵 500 倍液浸苗 5min 后再定植。发病初期用 50% 多菌灵可湿性粉剂 600 ~ 700 倍液，或 70% 代森锰锌 500 倍液，或 50% 苯菌灵可湿性粉剂 500 倍液喷淋茎基部，隔 10d 左右 1 次，共喷 2 次。发现打蔫枯萎的病株后及时挖除，并浇灌 58% 甲霜·锰锌可湿性粉剂或 64% 噁霜·锰锌可湿性粉剂 500 倍液，或 72% 霜脲·锰锌可湿性粉剂 800 倍液，5d 一次，共浇 2 次；或用 30% 甲霜·噁霉灵（6% 甲霜灵 +24% 噁霉灵）水剂 500 倍液 + 每克含 200 亿孢子的枯草芽孢杆菌可湿性粉剂 500 倍液，或苯锐菌（每克含 80 亿芽孢的甲基营养型芽孢杆菌 LW-6 可湿性粉剂）20g（兑 1 壶水）+70% 甲硫·福美双可湿性粉剂 1 000 倍液，5 ~ 7d 喷一次，共 2 次。10d 后，每亩可以用三氯异氰脲酸（强氧化剂）500g 冲施 1 次。

八、草莓灰霉病

　　草莓灰霉病为真菌病害，病原是半知菌类葡萄孢属真菌。主要危害果实、叶片、果梗等部位。草莓灰霉病的发生常给生产造成一定的损失，轻微的病果率在 5% 左右，严重的可达 30% 以上，对草莓产量、品质影响很大。

　　1.症状　灰霉病通过棚内农膜滴水、夜间空气中细小雾气携带病菌落在花瓣底部侵染，使花呈浅褐色坏死腐烂，产生灰色霉层，萼片包裹的幼果部位出现褐红色病斑。叶片染病多从基部老黄叶腐烂的边缘侵入。果实染病多从残留的感病花瓣或接触有积水的垄面部位开始，初呈水渍状灰褐色坏死，随后颜色变深，感病面积逐步扩大，直至果实腐烂，严重时果实表面产生浓密的灰色霉层，为病原分生孢子梗与分生孢子。叶柄发病，呈浅褐色坏死、干缩，其上产生稀疏灰霉。

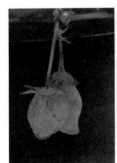

草莓灰霉病果实症状　　　　　　　　　　　　草莓灰霉病果梗症状

草莓灰霉病花症状

2. 发病特点 病原以菌丝体、分生孢子随病残体或菌核在土壤内越冬。设施栽培的病残体也是传染源，病原可以通过气流、浇水或农事活动传播。温度 0 ～ 35℃，相对湿度 80% 以上均可发病。温度 0 ～ 23℃、湿度 90% 以上、植株表面积水、阴雨天、垄沟积水等，都有利于病害的发生。发病多从开花始期、头茬果末期开始，以后随着雨雪阴天、棚内湿度大病情加重，辽宁一般在 11 月上旬、2 月中旬开始发生，吉林和黑龙江多在 11 月中旬、2 月末发生。

3. 防治方法

（1）露地草莓收获后彻底清除病残落叶，集中销毁。温室草莓合理定植，避免行间郁闭，及时劈掉病老残叶及感病花序，剔除病果。

（2）地势低洼的地块要适当垫土，防止结果期垄沟间出现积水。

（3）实行轮作倒茬，露地一般 5 年一倒茬，冷棚和温室可以进行土壤消毒处理。

（4）药剂防治。露地草莓从花序显露到开花前可喷等量式波尔多液 200 倍液，以后可以喷施 50% 腐霉利可湿性粉剂 800 倍液，或 40% 嘧霉胺悬浮剂 600 ～ 800 倍液，或 40% 嘧菌环胺水分散粒剂 1 000 倍液，或 58% 啶酰菌胺水分散粒剂 1 500 倍液，或 38% 唑醚·啶酰菌悬浮剂 1 000 倍液，或 43% 氟菌肟菌酯悬浮剂 1 500 倍液等，每 10d 喷施 1 次。也可每亩使用 45% 百菌清烟剂 0.2kg 或 50% 腐霉利烟剂点燃放烟灭菌。

九、草莓疫霉果腐病

草莓疫霉果腐病为真菌病害，病原为鞭毛菌亚门真菌，主要有恶疫霉或苹果疫霉、柑橘褐腐疫霉、柑橘生疫霉，危害草莓根、茎、花、果、叶等器官。

1. 症状 青果染病出现淡褐色水烫状斑，迅速扩大蔓及全果，果实变为黑褐色，后干枯、硬化，似皮革，故亦称革腐病。熟果染病则病部稍褪色失去光泽，白腐软化，呈水渍状，似开水烫过，有臭味。病果制作成加工产品，会有苦涩味。

疫霉果腐病症状

根部发病由外向内变黑，呈革腐状。早期植株地上部不显症状，中期植株生长差，略显短小，到开花结果期如遇干旱，则植株失水萎蔫，浆果膨大不足，色暗无光泽，果小、味淡、汁少，严重时植株枯死。叶、花序和果穗染病呈急性水烫状，迅速变褐至黑褐色，直至死亡。

2. 发病特点　病原以卵孢子在病果、病根等病残物中或土壤中越冬。露地生产越冬草莓普遍覆盖地膜防止草莓冻伤，同时也给病原越冬创造了条件。条件适宜时产生孢子囊，遇水释放游动孢子，借病苗、病土、风雨、流水、农具等传播，侵染危害。翌年春天在果实采收盛期往往会遇到大雨天气，有时大雨后连续阴天3d以上，接着出现晴天无风高温天气，烂果发病迅速，可导致绝收。地势低洼、土壤黏重、偏施氮肥、连作重茬的地块发病重。

3. 防治方法

（1）前茬为水稻的地块，深挖排水沟，高畦做床，适当混入风化砂，合理施肥，每亩保苗3万株以下，不在疫区病田育苗和定植。

（2）实行轮作倒茬，露地生产不超过5年，上茬为玉米的地块为好。

（3）结合春季劳作，及时清理草莓田间病老死叶及杂草，减少传染源。

（4）药剂防治。草莓生长期用25%甲霜灵可湿性粉剂1 000～1 500倍液，或72%霜脲·锰锌可湿性粉剂800倍液，或64%噁霜·锰锌可湿性粉剂500倍液，或50%福美双可湿性粉剂500～600倍液，或69%烯酰·锰锌可湿性粉剂1 000倍液，每隔10d左右喷施1次，共喷施2次。订单草莓要根据客户需求喷施药剂。

十、草莓芽枯病

草莓芽枯病为真菌病害，病原为半知菌类丝核菌属真菌，亦称草莓立枯病，主要危害花蕾、芽、新生叶、成龄叶、果柄、短缩茎等器官。

1. 症状　植株基部染病，近地面部分初生无光泽褐斑，逐渐凹陷，并长出米黄至淡褐色蛛巢状线体，有时能把几个叶片缀连在一起。叶柄基部和托叶染病，病部干缩直立，叶片青枯倒垂。开花前受害，使花序失去生机，并逐渐青枯凋萎。芽和蕾染病后逐渐萎蔫，呈青枯状或猝倒，后变黑褐色枯死。根部受害，皮层腐烂，地上部干枯容易拔起。果实染病，表面产生暗褐色不规则斑块至僵硬，最终全果干腐。急性发病时植株呈猝倒状。温度高时可长出菌丝体，使已着色的浆果发病，病部变褐，其外围常发生较宽的褐色白带，红色部分略转胭脂红色，色彩鲜艳对比强烈，可引起湿腐或干腐，但不长灰色霉状物，是与灰霉病果腐区别之处。

草莓芽枯病症状

2. 发病特点 病原以菌丝体或菌核随病残体在土壤中越冬，若没有合适寄主，可在土壤中生活 2～3 年。以病苗、病土传播，栽植草莓苗遇有该菌侵染即可发病。该病发病适宜温度为 22～25℃，在整个草莓生育期均可发病。气温低及遇有多阴雨天气易发病，寒流侵袭或高温等气候条件发病重，多湿多肥的栽培条件容易导致病害的发生蔓延，田间常与草莓灰霉病混合发生。保护地栽培时，密闭时间长，通风不及时，高温高湿，发病早而重。露地草莓栽植过深、密度过大、灌水过多或园地淹水，会加重发病程度。夏季育苗，草莓芽枯病时有发生。

3. 防治方法

（1）提倡施用沤制的腐熟堆肥；利用生茬地育苗；应用脱毒苗作为母苗育苗。

（2）合理密植，防止过密栽培。栽植不可埋土过深，以"上不埋心、下不露根"为宜；大棚和温室保护地栽培要适时适量放风；合理灌溉，浇水宜安排在上午，浇后迅速放风降湿，防止湿气滞留，并尽量增加光照。

（3）药剂防治。草莓缓苗后开始喷淋 30% 噁霉灵水剂 1 000 倍液，或 10% 多抗霉素可湿性粉剂 500～1 000 倍液，7d 左右喷淋 1 次，共喷 2～3 次；芽枯病与灰霉病混合发生时，可喷洒 50% 腐霉利可湿性粉剂 2 000 倍液，或 65% 甲硫·乙霉威可湿性粉剂 800 倍液。

十一、草莓青枯病

草莓青枯病为细菌病害，病原为青枯假单胞杆菌，危害草莓维管束组织，是草莓生产中的主要病害之一。

1. 症状 草莓青枯病多见于育苗圃夏季高温时及栽植初期。发病初期，草莓植株下位叶 1～2 片凋萎脱落，叶柄变为紫红色，植株发育不良，随着病情加重，部分叶片突然失水，绿色未变而萎蔫，叶片下垂似烫伤状。起初 2～3d 植株中午萎蔫，夜间或雨天尚能恢复，4～5d 后夜间也萎蔫，并逐渐枯萎死亡。横切病株根茎部，可见导管变褐，湿度高时可挤出乳白色菌液，严重时根部变色腐败。

草莓青枯病症状

2. 发病特点 病原细菌在草莓植株上或随病残体在土壤中越冬，通过土壤、雨水和灌溉水或农事操作传播。病原细菌腐生能力强，并具潜伏侵染特性，常从根部伤口侵入，在植株维管束内进行繁殖，向植株上、下部蔓延扩散，使维管束变褐腐烂；病菌在土壤中可存活多年。病菌喜高温潮湿环境，最适发病温度为 35℃，最适 pH 为 6.6。久雨或大雨后转晴，遇高温阵雨或干旱灌溉，地面温度高，田间湿度大时，易导致青枯病严重发生。草莓连作地及地势低洼、排水不良的田块发病较重。

3. 防治方法

（1）选择生茬地作为育苗圃，种苗一代为脱毒苗。

（2）采用穴盘、营养钵育苗，减少根系伤害。

（3）设施栽培采取起高垄、合理密植、滴灌浇水、及时摘除老叶病叶等措施。

（4）进行土壤消毒。

（5）药剂防治。可用 3% 中生菌素可湿性粉剂 500 倍液，或 6% 春雷霉素可湿性粉剂 500 倍液，或 20% 噻菌铜悬浮剂 1 200 倍液，或 33.5% 喹啉铜悬浮剂 200 倍液，或 80% 乙蒜素乳油 1 500 倍液，或 30% 噻唑锌悬浮剂 800 倍液，或 50% 氯溴异氰脲酸可湿性粉剂 1 500 倍液，喷雾或者喷淋根部。

十二、草莓根腐病

草莓根腐病是由多种病原和环境相互作用引起的一大类病害的总称。

草莓黑根腐病病原主要有 *Rhizoctonia solani*、*Fusarium* sp.、*Pythium* sp.、*Pestalotiopsis* sp.；草莓红中柱根腐病和红心根腐病病原主要有 *Phytophthora fragariae*、*Idriella lunata*、*Phytophthora nicotianae* var.*parasitica*；草莓白根腐病病原主要有 *Rosellinia necatrix*、*Macrophomina phaseolina*；草莓鞋带冠根腐病病原主要有 *Armillaria mellea* 等。近年来草莓黑根腐病在草莓根腐病中的危害最重，影响最大，其次是红中柱根腐病和红心根腐病。

1. 症状 典型症状是植株易早衰，茎变为褐色；植株下部老叶变成黄色或红色，新叶有的具蓝绿色金属光泽；匍匐茎减少，病株枯萎迅速。发病初期不定根中间部位表皮坏死，形成 1 ~ 5 mm 长的红褐色或黑褐色梭形长斑，严重时木质部坏死；后期老根"鼠尾"状，切开病根或剥下根外表皮可看到中柱呈暗红色。

草莓根腐病症状

2. 发病特点

（1）急性萎凋型。多发生在 3 月中旬至 5 月中旬，地下部发病迅速，特别是雨后初晴叶尖突然凋萎，全株青枯死亡。

（2）慢性萎缩型。9 月下旬到 12 月上旬植株矮化萎缩，下部老叶叶缘呈紫红色或紫褐色，后全株萎蔫死亡。严重时病根木质部及髓部坏死褐变，整条根干枯，地上部叶片变黄或萎蔫，最后全株枯死。

3. 防治方法

（1）选用脱毒苗繁育生产苗，栽培无病虫害生产苗。

（2）育苗地实行轮作倒茬，草莓田要实行 4 年以上的轮作。

（3）温室采取高垄栽培，覆盖地膜，严禁大水漫灌。

（4）7—8 月，温室闲置时期进行土壤消毒。

（5）药剂防治。发现病株及时挖除，并浇灌 58% 甲霜·锰锌可湿性粉剂 1 000 倍液，或 64% 噁霜·锰锌可湿性粉剂 800 倍液，或 72% 霜脲·锰锌可湿性粉剂 1 000 倍液等，连续防治 2 ~ 3 次；滴灌 30% 甲霜·噁霉灵（6% 甲霜灵 +24% 噁霉灵）水剂 500 倍液 + 每克含

1 200 亿孢子的枯草芽孢杆菌 500 倍液，或萃锐菌（每克含 80 亿芽孢的甲基培养型芽孢杆菌 LW-6 可湿性粉剂）20g（兑 1 壶水）+70% 甲硫·福美双可湿性粉剂 1 000 倍液，5 ~ 7d 滴灌 1 次，共滴灌 2 次。10d 后，每亩用三氯异氰脲酸（强氧化剂）500g 冲施 1 次。

十三、草莓线虫病

危害草莓的线虫有多种，我国南北各地常见的有草莓芽线虫和根结线虫。线虫主要危害草莓的根系及花芽。草莓芽线虫体长 0.7 ~ 0.9mm，宽 0.2mm，头呈四角形。根结线虫雌雄异形，幼虫呈细长蠕虫状，雄成虫线状，尾端稍圆，无色透明，大小为（1.0 ~ 1.5）mm×（0.03 ~ 0.04）mm，雌成虫梨形，多埋藏于寄主组织内，大小为（0.44 ~ 1.59）mm×（0.26 ~ 0.81）mm。

1. 症状

（1）草莓芽线虫。主要危害芽和匍匐茎，对育苗田和生产结果田都能造成危害。

草莓芽线虫病症状

育苗田：造成植株新叶发育不良，皱缩畸形，叶片呈深绿色，具光泽，影响繁苗率和苗的质量，重者整株萎蔫。

结果田：一般在 12 月上旬陆续呈现出症状，轻者芽或叶柄变为黄或红色，花蕾或花萼及花瓣发育畸形，严重时新叶歪曲畸形，花芽不能生长发育，导致腋芽生长迅速，腋芽数量增多，心芽呈莲丛花椰菜状，造成草莓严重减产，常使草莓减产 30% ~ 60%。

（2）根结线虫。主要危害草莓根部，形成大小不等的根结，剖开病组织可见许多细小的乳白色线虫埋于其内。根结之上一般可长出细弱的新根，致寄主再度染病，形成根结。

草莓根结线虫病症状

2.发病特点 草莓芽线虫病的初侵染源主要是带病的种苗，连作地线虫病害主要是土壤中残留的芽线虫再次侵害所致。在田间，芽线虫主要在草莓的叶腋、生长点、花器上寄生，靠雨水和灌溉水传播。其生长温度为 16 ～ 32℃，28 ～ 32℃最适合其繁殖，因此，常在夏秋季造成严重危害。根结线虫在通气良好、质地疏松的沙壤土中发生重，尤其是肥力低的沙质山岭薄地发生重，低洼、返碱地和黏性土壤发病轻或不发病。土壤含水量占田间最大持水量的 20% 以下或 90% 以上都不利于根结线虫的侵入。根结线虫以卵或二龄幼虫随病残体遗留在土壤中越冬，病土、病苗和灌溉水是主要传播途径。一般可存活 1 ～ 3 年，翌年春天条件适宜时，雌虫产卵，孵化后以二龄幼虫危害形成根结。连作地发生重，轮作地发病轻，水旱轮作可以控制病害的发生。坐地繁殖或用带虫瘿的病株繁殖草莓苗，易传播病害。土温 12 ～ 19℃时，幼虫 10d 才能侵入，20 ～ 26℃时，4 ～ 5d 就能大量侵入，高于 26℃不利于侵入。

3.防治方法

（1）选择脱毒苗作为种苗，从源头解决传染源。

（2）育苗田清除带病母株，集中销毁，消灭传染源；有条件的田块土壤采取化学消毒法消毒；应避免苗田淹水或大水漫灌。

（3）开花结果后发现的病株及时拔除。

（4）热水处理。定植前将秧苗放在 35℃温水中预处理 10min，然后放入 45℃热水中浸泡 10min，晾凉后定植。

（5）药剂防治。定植时用 90% 敌百虫原药 300 倍液浸根，缓苗后用 90% 敌百虫原药 300 倍液喷洒或灌根 2 ～ 3 次，每次间隔 7 ～ 10d，可防治芽线虫病。根结线虫药剂防治：病地每亩施 5kg 3% 呋喃丹颗粒剂或每亩施 1 000mL 1.8% 阿维菌素乳油。

十四、草莓病毒病

世界已知可在草莓上发生的植物病毒多达数十种，国内主要有草莓斑驳病毒、草莓镶脉病毒、草莓轻型黄边病毒、草莓皱缩病毒等 4 种发生危害严重。

草莓病毒病症状

1.症状及发病特点 草莓病毒病可由多种病毒单独或复合侵染引起。草莓感染病毒后，特别是感染单种病毒，大多症状不显著，或者难以看出什么病状，称为隐症；而表现出症状者多为长势衰弱、退化，如新叶展开不充分，叶片小型化，无光泽，叶片变色，群体矮化，坐果少，果型小，产量低，生长不良，品质变劣，含糖量降低，含酸量增加，甚至不结果。复合感染时，由于毒源不同，表现症状各异，植株大都明显矮化，叶片缩小，畸形扭曲，叶面皱缩翻卷，叶色褪绿，幼叶黄色斑驳，边缘褪绿，后逐渐变为红色，直至枯死。草莓病毒病主要由种苗携带、嫁接和蚜虫等昆虫传毒感染。

2. 防治方法　利用脱毒组培种苗作为种苗繁育良种苗；严格防治蚜虫和各种线虫，轮作倒茬，发现病株立即拔除；用 20% 吗胍·乙酸铜可湿性粉剂 4 000 倍液，隔 10 ~ 15d 防治 1 次，连防 2 ~ 3 次。

第二节
非侵染性病害

一、草莓心叶日灼症

1. 症状　主要是中心嫩叶在初展或未展之时叶缘急性干枯死亡，干死部分褐色或黑褐色。由于叶缘细胞死亡，而其他部分细胞迅速长大，所以受害叶片多数像翻转的酒杯或汤匙，受害叶片明显变小。

2. 防治方法　在土层深厚的田块栽植健壮草莓秧苗，以利根系发育；高温干旱季节来临之前在根际适当培土保护根系；慎用赤霉素，特别是在高温干旱期要少用赤霉素；棚室内温度控制在 30℃ 以下。

二、草莓生理性白果

1. 症状　浆果成熟期褪绿后不能正常着色，全部或部分果面呈白色或淡黄白色，界限鲜明，白色部分种子周围常有一圈红色。病果味淡、质软，果肉呈杂色、粉红色或白色，很快腐败。

2. 防治方法 多施有机肥和复合肥,不过多偏施氮肥;选用适合当地生长的品种和含糖量较高的品种;采用保护地栽培,适当调控温湿度,使用透光率高的棚膜。

三、草莓缺水生理性叶烧

1. 症状 在叶缘发生茶褐色干枯,一般在成龄叶片上出现,轻时仅在叶缘锯齿状部位发生,重时可使叶片的大半部枯死。枯死斑色泽均匀,表面干净,无 V 形褐斑病、褐色轮斑病、叶枯病、角斑病、叶斑病等侵染性病害所特有的症状。一般雨后或灌水旱情缓解后,病性也随之缓解和停止发展。

2. 防治方法 根据天气干旱情况和土壤水分含量情况适时补充土壤水分;不过量猛施肥料,施肥后要及时灌水;棚室内温度控制在 30℃ 以下。

四、草莓畸形果

1. 症状 果实过肥或过瘦,有的呈鸡冠状或扁平状或凹凸不平等形状。

2. 防治方法 选用花粉量多、耐低温、畸形果少、育性高的品种,如春香、丽红、丰香、宝交早生、幸香等。改善栽培管理条件,保持温度、湿度均衡。排除花器发育受到障碍的因素,尽量将温度控制在 10 ~ 30℃,开花期相对湿度控制在 60% 以下,白天防止35℃ 以上高温出现,夜间防止 5℃ 以下的低温出现。提高花粉的稔性,减少畸形果发生。防治白粉病等病虫害的药剂,应在开花 6h 受精结束后再喷洒,有利于防止草莓产生畸形果;花期放蜂授粉,特别是大棚低温期开的花,通过放蜂进行异花授粉,防止畸形果产生效果很好。

五、裂果和萼片反转

1. 症状 果实萼片反转,花托开裂,露出白色果肉。

2. 防治方法 收获期防止高温干旱严重,应少灌勤灌水,并注意避免将药剂喷到果实上及过量使用膨大剂类生长调节剂。

六、日灼果

1. 症状 果实由于高温日灼,先是果肉松弛,然后变为茶黑色,并干燥成木乃伊僵果。

2. 防治方法 培育健壮植株;避免 32℃ 以上的高温日灼,必要时可用遮阳网覆盖。

七、异常花

1. 症状　雌蕊、雄蕊或花托发育不全，导致无法授粉、不能自花授粉、授粉不良或畸形果。

2. 防治方法　育苗期避免大肥大水，以防种苗徒长而抑制对钙和硼的吸收。栽后防止高温干旱，要起高垄，垄面平整，在棚温高于30℃时要降低空气温度，并且应给予人工补光。

八、草莓冻害

1. 症状　一般在初春季节气温骤降时（倒春寒）发生，危害露地草莓。冻害发生时，风口位置的田块先受害，叶片冻伤后逐步枯死，花蕊受冻后变黑褐色，失去活性，柱头受冻后干缩，幼果受冻后停止发育，干枯僵死。秋冬季节保护地晚熟栽培花蕾形成过早的，也容易遭到寒流的危害，造成花器受冻不能正常开花结果。特殊情况下，冬季保护地棚膜破损、大风掀开棚膜、棚室保温效果差等因素都能导致冻害的发生。

2. 防治方法

（1）早春延迟撤掉地膜上的覆盖物，推迟开花时间，错过倒春寒；在初花期于寒流来临前加盖塑料膜防寒。

（2）发生冻害时，要及时清理受冻花果和叶片，以免受冻组织发霉病变，诱发次生病害。同时减少植株养分损失，为了促进植株恢复生长，可喷施一次70%甲基硫菌灵可湿性粉剂800倍液 + 磷酸二氢钾300倍液 + 红糖水150倍液。

（3）加强肥水管理。草莓受冻后根系吸肥吸水能力减弱，低温冻害过后，应及时补水和追施肥料。施肥方法：滴灌冲施含有磷、钾的水溶肥；叶面喷施碧护、精品磷酸二氢钾，或0.3%尿素 +0.2%磷酸二氢钾，提高叶片的营养水平，增厚叶片，增加植株抗逆性。

（4）棚室生产在遇严寒时可利用加温块临时加温，另外，适当加厚温室覆盖的棉被、棚室内起二层拱，都可以避免低温危害。

露地草莓生产遭遇倒春寒花蕊受冻害

果实遭受冻害后幼果变色发软

果实遭受冻害后幼果失水发霉

九、水滴叶灼

1. 症状 棚布或棚架上的水珠受热后滴落在叶片上，形成不规律滴溅状灼伤黄化叶斑。

2. 防治方法 垄上垄下覆严地膜，降低棚内温度，发现棚内温度高时，应在高温前及时通风换气。

十、肥害

（一）氮磷钾复合肥使用不当产生肥害

部分草莓种植户在肥料使用中存在误区，认为每次少量冲施肥料不会对草莓造成伤害，这是错误的。在草莓开花结果期间滴灌冲施平衡肥，如果使用方法不当，仍然会导致植株受到肥料伤害，从而使根系失水死亡，叶片边缘褐变，植株停止生长。辽宁省东港市一草莓种植户，在 2019 年 11 月 15 日每亩地使用 1.5kg 复合肥（17-17-17）兑水 120kg 进行滴灌冲施，此后第 3 天，草莓叶片边缘开始出现褐变，半个月后发现植株停止生长，翌年 1 月 15 日，拔出根系发现，定植后发出的根系基本死亡，只有根茎上部发出部分新根，此时植株出现矮化现象，大部分果实形成僵果。

草莓叶片的营养由后发的根系提供，原来的主要根系都已经变黑死亡

（二）尿素使用不当产生肥害

草莓露地育苗经常使用尿素。尿素又称碳酰胺，是由碳、氮、氧、氢组成的有机化合物，是一种白色晶体，适用于作基肥和追肥。尿素追肥要深施覆土，在脲酶的作用下水解成碳酸铵，进而生成碳酸和氢氧化铵。尿素呈中性，在土壤中的转化受土壤 pH、温度和水分影响，水分适当时土壤温度越高，转化越快；当土壤温度 10℃时尿素完全转化成铵态氮需 7 ~ 10d，20℃需要 4 ~ 5d，30℃需要 2 ~ 3d。尿素水解后生成铵态氮，表施会引起氨的挥发，氨气导致叶片叶缘失水褐变。

施尿素过量导致植株叶片叶缘失水褐变

（三）硼酸气毒害

1. 症状 老叶叶缘先红后褐变，逐渐枯焦，整个叶片绿色渐淡，叶片失水，变酥脆，整棵植株萎缩不长，甚至枯死；花枝细弱，花蕾小，果实膨大慢，着色不亮丽，僵果率增加，适应性差。

2. 防治方法 不在有硼化物气体污染地区种植草莓，硼肥用量适中，并保持土壤适宜温度。

（四）锌中毒

1. 症状 叶片颜色变暗，叶脉和叶缘栗褐色，植株长势缓弱，花果量减少，畸形果增加。

2. 防治方法 预防镀锌管水滴溅污草莓植株。

（五）锰过剩障害

1. 症状 叶脉栗红色，自叶脉底部至叶脉尖梢栗褐色由深而淡，叶片渐成匙状，叶表面不光滑，光合作用下降，植株长势不良。

2. 防治方法 以有机肥为主，在肥沃土地育苗，避免水涝淹苗。

十一、药害

（一）臭氧浓度过高叶片受到危害

日光温室冬季夜间使用臭氧进行空间消毒，温室跨度在8m以内，脊高3.5m以内，臭氧发生器使用8h的容易产生药害（高浓度臭氧所致），臭氧发生器35m外没有危害。

1. 症状 草莓苗叶片叶脉失绿发黄，老叶较新叶严重，严重的黄叶面中心发白。草莓植株长势延缓，老化叶增多，15d后症状消失。

臭氧浓度过高导致草莓叶片失绿

同时期栽培的（后墙）番茄也受到危害，番茄植株1.5m以下的叶片普遍失绿呈白色，植株长势缓慢，果实质量下降。

温室草莓群体受害症状　　　　　　　　　后墙同期栽培的番茄受到危害

2. **防治方法**　臭氧发生器悬挂高度应在 4.5m 以上，温室跨度应达到 10m 以上，臭氧发生器使用时间在 5 ~ 6h，棚室内温度在 15℃ 以下。

（二）棉隆产生的药害

棉隆，微粒剂，有效含量 98% ~ 100%，外观灰白色，有轻微刺激味。

棉隆使用不当会产生药害，如药剂撒施到温室内田间后灌大水，会导致土壤水分饱和，失去通透性，揭开地面的覆盖物（塑料膜）后晾晒时间不够，定植草莓后也会产生药害。

1. **症状**　定植 3d 后，植株开始表现为老叶迅速枯死，部分叶片叶缘褐变，新叶萌发畸形扭曲；1 周后，危害加重，扒开土壤有霉烂的臭味，植株根系大部分发黑失水，健壮的植株从根茎部位重新萌发新根，弱小的植株开始死亡。

2. **防治方法**　见第二章第二节土壤消毒。

定植 8d 后药害的症状　　　　　　　　　部分植株开始死亡

危害相对较轻的植株开始发新根

危害严重的植株逐步死亡

（三）氯化苦产生的药害

氯化苦是一种无色或微黄色油状液体，剧毒，不溶于水，溶于乙醇、苯等多数有机溶剂，是一种有警戒性的熏蒸剂，可以杀虫、杀菌、杀鼠，也可用于粮食害虫熏蒸，还可用于木材防腐，房层、船舶消毒，土壤、植物种子消毒等。

1. **症状**　草莓苗定植 10d 后，逐步发生症状，植株叶片出现点块褐变，逐渐开始褐变枯死，用手搓易碎，根系 7cm 以内的症状不明显，7cm 以外的根毛发黑，部分主根上有灼伤的迹象，发红褐色，萌发的新叶不表现症状。红颜尤其不抗氯化苦气体的危害，章姬相对表现较抗。

2. **防治方法**　见第二章第二节土壤消毒。

危害轻的草莓植株叶片呈现点块褐变

危害严重的叶片大面积失绿

氯化苦危害后发病速度较快，植株叶片失去活性

温室内没有实施氯化苦消毒的相邻的地块草莓植株长势良好

（四）硫黄熏蒸药剂过量导致药害

草莓上常用的熏蒸药剂是硫黄粉和硫黄片。硫黄，黄色，有特殊臭味，熔点为118℃，不溶于水，燃烧伴随产生二氧化硫气体。

1. **症状** 硫黄熏蒸器熏蒸时间过长，导致药害的产生。危害初期，可见植株叶片轻微发黄，叶脉略微明显，随危害加重，可见植株叶片上翘，叶片上纤毛直立明显，叶片发黄失绿、枯死。严重的整个植株失去活性。

2.**防治方法** 参见白粉病防治方法。

硫黄熏蒸过量导致植株枯死

（五）啶虫脒过量导致药害

啶虫脒，属氯化烟碱类化合物，是一种新型广谱且具有一定杀螨活性的杀虫剂，用于蔬菜、果树的蚜虫、飞虱、蓟马、部分鳞翅目害虫等的防治，具有触杀、胃毒和较强的渗透作用，杀虫速效，用量少、活性高、杀虫谱广。

1.**症状** 3%啶虫脒乳油正常使用浓度为1 000～1 500倍液，在300倍液喷施的情况下，产生药害。喷施药剂第 3 天可见植株叶片边缘褐变脆化，叶片新鲜度下降，失去光泽，根系颜色略微褐变。持续 15～20d 后，危害症状逐步消失。

2. 防治方法　发生药害时，可采取用清水喷淋植株、棚室内通风换气、降低棚温的措施减缓药害程度。冬季地温不高，不提倡大水漫灌，要小水冲施，同时添加氨基酸、腐殖酸和生根剂促进植株生长，叶面可以喷施碧护及磷酸二氢钾，提高植株抗逆性。

喷施啶虫脒过量导致草莓叶片边缘褐变

（六）苦参碱过量导致药害

苦参碱是由豆科植物苦参的干燥根、植株、果实经乙醇等有机溶剂提取制成的一种生物碱，在大自然中能迅速分解，最终产物为二氧化碳和水。苦参碱是天然植物性农药，对人畜低毒，是广谱杀虫剂，具有触杀和胃毒作用。苦参碱对黏虫、菜青虫、蚜虫、红蜘蛛有明显的防治效果。

1. 症状　苦参碱 0.5% 水剂的一般使用浓度为 800～1 000 倍液，使用浓度为 200 倍液时产生药害。首先从老叶及功能叶片开始，叶缘迅速褐变失水，农户俗称"焦焦边"，会对草莓花期造成伤害，授粉后形成的果实多为畸形果。

2. 防治方法　同啶虫脒过量导致药害防治方法。

苦参碱使用过量导致叶缘褐变、畸形果增多

（七）赤霉素过量产生副作用

赤霉素是高效植物生长调节剂，俗称九二〇，能促进作物生长发育，提早成熟。赤霉素最突出的作用是加速细胞的伸长。草莓生产上的应用一是针对部分草莓需要打破休眠而使用，二是针对阶段性部分植株矮小，喷施后促进植株生长。

1.症状 喷施过量的赤霉素后，草莓花序表现最为突出，喷施2d后，可见花序迅速向上生长，超出株高5cm以上，部分超过10cm，花序的花梗细长，花序上果实生长后，由于重量加大，花序倾倒于垄面。由于徒长现象的发生，导致营养生长和生殖生长失调，反而影响产量。

2.防治方法 发生药害时，降低棚温，清除过长的花序，减少单个花序的留果数量，增加养分的供给，满足植株生长对养分的需求。加强肥水管理，防止植株早衰。

赤霉素过量导致花序直立超出叶面顶部　　　　　　　花序伸长影响产量

（八）膨大剂过量导致药害

保护地草莓生产过程中，为了增加单个果实重量，有的农户使用膨大剂；露地草莓生产不使用膨大剂。膨大剂，也叫膨大素，属于植物生长调节剂类化学物质，对植物可产生助长、速长作用。常见膨大剂主要成分为氯吡脲、赤霉素，氯吡脲属苯脲类物质，主要有促进细胞分裂和增大的作用。

1.症状 植株长势异常，前期徒长，1周后表现早衰，叶片半卧状，功能叶扭曲，叶梗打弯，叶片颜色变浅。花序略微伸长，表现硬化。处于白果期的果实迅速膨大，成熟后果面颜色淡红，口感甜中带有涩味；处于幼果期的果实，上色提前，成熟早，果实硬度增加，大部分果实畸形；成熟的果实往往着色不均匀，果味偏淡，果实空心较多，硬度下降。

2. 防治方法　发生药害时，加强通风换气，降低棚温，及时清理当茬多余的花枝，去掉弱小的幼果，及早迎接下茬果实的到来。滴灌冲施氨基酸、黄腐酸钾及生根剂，促进植株生长。进行疏花疏果、平衡施肥，尽量不用或者少用果实膨大剂。

膨大剂过量植株新叶瘦弱发黄

膨大剂过量植株叶片扭曲

膨大剂过量果实提早成熟

膨大剂过量果面硬化变色

（九）烟雾剂中毒

1. 症状　叶片边缘黑褐上翘，叶色暗绿，叶片下垂，花萼变褐，花瘦小，授粉不良，畸形果增加。

2. 防治方法　为不使棚内植株徒长，烟雾剂放置高度应高于草莓，烟雾剂用量、时间要严格按技术要求进行，新药剂要经过试验后安全使用。发生药害后，灌 1 次透水，而后立即揭开地膜，大棚放风透气，可缓解药害。

（十）鸡粪过量肥害

保护地草莓生产过程中，定植前施入没有腐熟的鸡粪，尤其是肉鸡鸡粪，经常发生肥害，在扣地膜后发生迅速。温室草莓定植后，由于浇水及地面裸露，肥害表现不明显，扣膜后，地温升高，膜下气体挥发缓慢，导致没有腐熟的鸡粪开始发酵，产生氨气、硫化氢等有害气体，对草莓造成危害。

1.症状 植株定植后长势正常，扣地膜后，停止生长，叶片部分条状褐变、失绿、干枯，严重的整棵植株枯萎死亡。

2.防治方法 温室生产不要施用未腐熟的鸡粪，腐熟的鸡粪用量也要适当。发生肥害时，加强通风换气，地膜撤到垄上，排出植株附近的有害气体。大水淋洗，使有害物质下沉。叶面喷施碧护、磷酸二氢钾等营养制剂。

鸡粪过量肥害症状

第三节
缺素症

一、缺氮

    1.症状 草莓植株生长期内缺氮，表现为叶片弱小，变黄，叶脉突出，坐果少，膨大慢，果实口感欠佳。

    2.防治方法 追施尿素、氮磷钾冲施肥等。

二、缺磷

    1.症状 植株生长势减弱，发育滞缓，叶色带青铜暗绿色。缺磷加重时，草莓植株叶片呈现淡红色至紫色斑点，植株表现矮化。土壤酸性加强及含钙量较多时容易发生缺磷现象。

    2.防治方法 叶面喷施 1% ～ 3% 过磷酸钙澄清液，定植后适时补充磷肥。

三、缺钾

    1.症状 草莓缺钾常发生于新叶，叶片边缘呈现发黑或者褐色的现象，甚至干枯。老叶片缺钾严重时，光照加重叶片灼伤，所以缺钾易与日灼相混淆。缺钾的草莓果实颜色变浅，味道变差。

    2.防治方法 叶面喷布 0.1% ～ 0.2% 磷酸二氢钾，及时滴灌冲施钾肥。

四、缺钙

    1.症状 我国北方缺钙发生时期一般在 11 月中旬（日光温室草莓生产）以后，叶片顶部皱缩、硬化，不能充分展开，萼片和新叶尖端首先变褐，并逐渐变成黑色，果实变小，籽多，排列紧密。

2.**防治方法**　叶面喷施钙肥水溶液，滴灌冲施氧化钙。

五、缺镁

1.**症状**　草莓叶片缺镁，叶脉间呈现暗褐色的斑点，部分斑点坏死，有的连片，部分老叶褐变干裂。果实缺镁，颜色较淡，有软化现象。

2.**防治方法**　适时补充硫酸镁。

六、缺硼

1.**症状**　草莓缺硼表现为幼龄叶片出现皱缩、叶焦，叶片边缘逐步黄化；严重时，老叶的叶脉失绿，向上卷。缺硼对植株的花期影响较大，花小，花粉量减少，授粉和结实率降低，果实品质差。

2.**防治方法**　补充硼肥。

七、缺铁

1.**症状**　草莓植株缺铁表现为叶片黄化或失绿，进而变白，甚至新发生的叶片也变白，根系生长弱，缺铁对果实影响很小。碱性加强、酸性较强的土壤种植草莓都容易发生缺铁现象。

2.**防治方法**　叶面喷施 $0.3\% \sim 0.5\%$ 硫酸亚铁水溶液。

八、缺锌

1.**症状**　草莓植株缺锌，老叶片会变窄，严重缺锌时，新发生的叶片黄化，叶脉微红。

2.**防治方法**　适当补充硫酸锌。

第四节
虫害

一、蝼蛄

　　蝼蛄是节肢动物门昆虫纲直翅目蟋蟀总科蝼蛄科昆虫的总称。蝼蛄俗名拉拉蛄、地拉蛄、天蝼、土狗等，为多食性害虫，危害草莓的主要方式是咬断幼根和根茎，使植株凋萎死亡。

1. 形态特征

　　(1) 成虫。东方蝼蛄雄成虫体长 30mm，雌成虫体长 33mm。体浅茶褐色，前胸背板中央有一凹陷明显的暗红色长心脏形斑。前翅短，后翅长，腹部末端近纺锤形。前足为开掘足，腿节内侧外缘较直，缺刻不明显，后足胫节背面内侧有 3～4 个刺，此处是识别东方蝼蛄的主要特征，腹末具一对尾须。

　　(2) 卵。椭圆形，长约 2.8mm，初产时黄白色，有光泽，渐变黄褐色，最后变为暗紫色。

　　(3) 若虫。若虫初孵时乳白色，老熟时体色接近成虫，体长 24～28mm。

蝼蛄成虫

2. 发生规律

10 月下旬，当气温下降时，蝼蛄开始向地下活动，头部朝下，一窝一虫，不群居，多在冻土层之下，地下水位之上，以成、若虫越冬，第二年当气温升高到 8℃以上时再掉转头向地表移动。4月下旬至5月上旬，越冬蝼蛄开始活动，在到达地表后先隆起虚土堆，此时是进行蝼蛄虫情调查和人工捕杀的最佳时机。5月上旬开始，地表出现大量弯曲虚土隧道，并在其上留有一个小孔，表明蝼蛄已出窝危害。正是这个阶段蝼蛄的迁移造成草莓苗根和土壤分离，根部失水，导致苗死亡。5月中下旬经过越冬的成虫、若虫开始大量取食，满足其产卵和生长发育的需要，造成缺苗断条。6月下旬至8月上旬，气温升高，天气炎热，蝼蛄潜入30～40cm深的土中越夏并产卵。8月下旬至9月下旬，越夏成虫、若虫又上升到土面活动取食补充营养，为越冬做准备。

3. 防治方法

（1）灯光诱杀。蝼蛄趋光性强，可用黑光灯、水银灯、频振式杀虫灯、太阳能杀虫灯诱杀，效果较好，能减少大量的虫源。

（2）农业措施。深翻土地、适时中耕、清除杂草、改良盐碱地、不施用未腐熟的有机肥等，创造不利于害虫发生的环境条件。

（3）人工捕杀。在春季蝼蛄苏醒尚未迁移时，扒开虚土堆捕杀。

（4）用马粪鲜草诱杀。危害地块每隔20m左右挖一小坑，然后将马粪和切成4～6cm长带水的鲜草放入坑内诱集，并加上毒饵。次日清晨，可到坑内集中捕杀。另外，可在坑内放入淡盐水，不用加药物，因淡盐水对蝼蛄有很强的杀伤力。

（5）毒饵诱杀。用2.5%溴氰菊酯乳油或50%辛硫磷乳油或90%敌百虫原药0.5kg，加水5kg，拌豆饼、麦麸、米糠等饵料50kg，煮至七分熟，傍晚均匀撒于苗床上，也可用50%辛硫磷乳油100g加水2～25kg，喷在100kg切碎的新鲜草或菜上，于傍晚分成小堆放置于圃地，诱杀蝼蛄。

（6）土壤药剂处理。每亩用5%辛硫磷颗粒剂2.5kg拌细土撒于土表，再翻入土内，或用80%敌敌畏乳油100倍液拌碾碎炒香的豆饼制成毒饵，撒于苗床土面；做完苗床后，在苗床上喷50%辛硫磷乳油1 000倍液，每亩用药量为0.75kg，早晚使用。

二、小地老虎

小地老虎，又名土蚕、切根虫，经历卵、幼虫、蛹、成虫四个虫态。对农作物及林木幼苗危害很大，轻则造成缺苗断垄，重则毁种重播。在草莓上主要以幼虫危害近地面茎顶端的嫩心、嫩叶柄、幼叶及幼嫩花序和成熟浆果。三龄以后可咬断近地面的匍匐茎，造成子苗死亡。

1. 形态特征

（1）成虫。体长16～23mm，翅展42～54mm，额部平整，无突起。雌成虫触角丝状，雄成虫触角双栉齿状，分支渐短，仅达触角之半，端半部为丝状。头、胸部背面暗褐色，腹部灰褐色。足褐色，前足胫节、跗节外缘灰褐色，中后足各节末端有灰褐色环纹。前翅褐色，前缘区黑褐色，并具6个灰白色小点；内横线内方及外横线外方多为淡茶褐色，两线之间及近外缘部分为暗色（有时中横线至内横线之间也呈淡茶褐色）；肾状纹、环状纹及棒状纹周围各围以黑边；在肾状纹外侧凹陷处，有一明显的尖端向外的黑色三角形斑，与亚外缘线上2个尖端向内的黑色楔形斑相对，是本种的重要识别特征；亚基线、内横线、外横线及亚外缘线均为双条曲线，但内、外横线明显；外缘及其缘毛上各有1列（约8个）黑色小点。后翅灰白色，翅脉及近外缘线茶褐色；缘毛白色，有淡茶褐色线1条。

（2）卵。馒头形，直径约0.5mm，高约0.3mm，表面具纵横隆线，初产时乳白色，后渐变为黄褐色，孵化前卵顶上呈现黑点。

（3）幼虫。头部暗褐色，侧面有黑褐斑纹。体黑褐色稍带黄色，密布黑色小圆突。腹部末端肛上板有一对明显黑纹，背线、亚背线及气门线均为黑褐色，不很明显，气门长卵形，黑色。

（4）蛹。黄褐至暗褐色，腹末稍延长，有一对较短的黑褐色粗刺，蛹外有土室。

小地老虎幼虫　　　　　　　　　　小地老虎成虫

2. 发生规律　1年发生2～7代，一般第一代对草莓危害重。成虫白天潜伏于土缝中、杂草间、屋檐下或其他隐蔽处，夜间活动、取食、交尾、产卵，以晚上7:00～10:00最盛，在春季傍晚气温达8℃时，即开始活动，温度越高活动的数量与范围越大，夜晚大风不活动。成虫具有强烈的趋化性，喜吸食糖蜜等带有酸甜味的汁液。第一代成虫有群集于女贞及扁柏上栖息或取食树上蚜露的习性，易于捕捉，对普通灯趋光性不强，但对黑光灯趋光性强。成虫羽化后经3～4d交尾，在交尾后第二天产卵，卵产在土块上及地面缝隙内的占60%～70%，产在土面枯草上的占20%，产在杂草和作物幼苗叶片反面的占5%～10%，在绿肥田，多集中产在鲜草层的下部土面或植物残体上，一般产在土壤肥沃而湿润的田里的为多，卵散产或数粒产在一起，每一雌蛾通常能产卵1 000粒左右，多的在2 000粒以上，少的仅数十粒，分数次产完。

3. 防治方法

（1）诱杀成虫。利用频振式杀虫灯诱杀成虫，结合黏虫防治用糖、醋、酒诱杀液或甘薯、胡萝卜等发酵液诱杀成虫。

（2）诱捕幼虫。用泡桐叶或莴苣叶诱捕幼虫，于每日清晨到田间捕捉；对高龄幼虫也可在清晨到田间检查，如果发现有断苗，拨开附近的土块，进行捕杀。

（3）药剂防治。对不同龄期的幼虫，应采用不同的用药方法。幼虫三龄前用喷雾、喷粉或撒毒土的方式进行防治；三龄后，田间出现断苗，可用毒饵或毒草诱杀。①喷雾防治，可选用 50% 辛硫磷乳油 1 000 倍液，或 2.5% 溴氰菊酯乳油 2 000 倍液，或 40% 氯氰菊酯乳油 1 500 倍液，或 90% 敌百虫原药 1 000 倍液，喷雾防治。喷药适期应在幼虫三龄盛发前。②毒土或毒沙防治，可选用 2.5% 溴氰菊酯乳油 90 ～ 100mL，或 50% 辛硫磷乳油 500mL，加水适量，喷拌细土或细沙 50kg，配成毒土或毒沙，每公顷顺垄撒施 300 ～ 375kg 于幼苗根际附近。③毒饵诱杀，一般虫龄较大时可采用毒饵诱杀，可选用 90% 敌百虫原药 0.5kg 或 50% 辛硫磷乳油 500mL，加水 2.5 ～ 5L，喷在 50kg 碾碎炒香的棉籽饼、豆饼或麦麸上，于傍晚在受害草莓田间每隔一定距离撒一小堆，或在草莓根际附近围施，每公顷用 75kg。④毒草防治，可用 90% 敌百虫原药 0.5kg，拌铡碎的鲜草 75 ～ 100kg，每公顷用 225 ～ 300kg。

三、茶翅蝽

茶翅蝽，俗称臭板虫、梨蝽，属半翅目异翅亚目蝽次目蝽总科蝽科蝽亚科茶翅蝽属，寄主范围广泛。茶翅蝽以成虫、若虫吸食叶、嫩梢及果实汁液，成虫经常成对在同一果实上危害，而若虫则聚集危害。被害的果实轻则呈现部分凹陷斑，重则形成畸形果。

1. 形态特征

（1）成虫。体长一般为 12 ～ 16mm，宽 6.5 ～ 9.0mm，身体扁平略呈椭圆形，前胸背板前缘具有 4 个黄褐色小斑点，呈一横列排列，小盾片基部大部分个体均具有 5 个淡黄色斑点，其中位于两端角处的 2 个较大。不同个体体色差异较大，如茶褐色、淡褐色或灰褐色略带红色，具有黄色的深刻点，或金绿色闪光的刻点，或体略具紫绿色光泽。田间调查时区别于其他蝽类昆虫的特征是触角 5 节，最末 2 节有 2 条白带将黑色的触角分割为黑白相间状，足亦是黑白相间状。

（2）卵。短圆筒形，长 0.9 ～ 1.2mm，从上方看为球形，具假卵盖，中央微微隆起，周缘环生短小刺毛，初产时青白色，近孵化时变深褐色，若虫即将孵化时卵壳上方出现黑色的三角口。

（3）若虫。共 5 龄。初孵若虫近圆形，体长约 1.5mm，头部黑色，腹部淡橙黄色，各腹节两侧节间有 1 个长方形黑斑，共 8 对，触角第三、四、五节可见白色环斑。二龄若虫体长 3.0 ～ 3.3mm，淡褐色，头部黑褐色，胸部和腹部背面具有黑斑。前胸背板侧缘具 6 对不等长的刺突。三龄若虫体长 4.5 ～ 5mm，棕褐色，前胸背板两侧具有 4 对刺突，腹部各节背板及侧缘各具 1 个黑斑，腹部背面可见 3 对臭腺孔，出现翅芽。四龄若虫体长约 8mm，茶褐色，翅芽增大。五龄若虫体长 10 ～ 12mm，翅芽伸达腹部第三节后缘。

茶翅蝽

2. 发生规律　每年发生 1 ～ 2 代，7 月中旬以前所产的卵当年可发育为成虫，完成两代的发育；而 7 月中旬后所产的卵当年则不能发育为成虫。9 月下旬气温逐渐下降，一般在 12 ～ 15℃时，大量的成虫开始迁移准备越冬。包括越冬期在内，成虫寿命可达 300d。成虫可在屋檐下、墙缝内、树洞中、土缝内、石块下及草堆等处越冬。

3. 防治方法

（1）人工捕杀。利用成虫喜欢在屋檐下、墙缝内、土缝内、草堆等处越冬的生活习性，进行人工捕杀或熏杀。

（2）利用茶翅蝽的寄生性天敌卵寄生蜂，进行生物防治。

（3）药剂防治。在成虫产卵期和若虫期喷洒 25% 溴氰菊酯乳油 2 000 倍液，或 90% 敌百虫原药 800 ～ 1 000 倍液，或 20% 甲氰菊酯乳油 2 000 倍液，或 25% 噻虫嗪水分散粒剂 800 倍液，或 2.5% 联苯菊酯乳油 1 500 倍液。

四、麻皮蝽

麻皮蝽属半翅目蝽科，别名黄斑蝽、臭屁虫、臭大姐，主要危害特点是成虫和若虫刺吸叶、果实及嫩梢。

1. 形态特征

（1）成虫。体长 20.0 ～ 25.0mm、宽 10.0 ～ 11.5mm，体黑褐色，密布黑色刻点及细碎不规则黄斑。头部狭长，侧叶与中叶末端约等长，侧叶末端狭尖。触角 5 节黑色，第一节短而粗大，第五节基部 1/3 为浅黄色。喙浅黄色，4 节，末节黑色，达第三腹节后缘。头部前端至小盾片有 1 条黄色细中纵线。前胸背板前缘及前侧缘具黄色窄边。胸部腹板黄白色，密布黑色刻点。各腿节基部 2/3 浅黄，两侧及端部黑褐色，各胫节黑色，中段具淡绿色环斑，腹部侧接缘各节中间具小黄斑，腹面黄白色，节间黑色，两侧散生黑色刻点。气门黑色，腹面中央具一纵沟，长达第五腹节。

（2）卵。灰白色，块状，顶端有盖，周缘具刺毛。

（3）若虫。各龄均扁洋梨形，前尖削后浑圆，老熟若虫体长约 19mm，似成虫，自头端至小盾片具 1 条黄红色纵线。体侧缘具淡黄狭边。腹部第 3 ～ 6 节的节间中央各具 1 块黑褐色隆起斑，斑块周缘淡黄色，上具橙黄或红色臭腺孔各 1 对。腹侧缘各节有 1 块黑褐色斑。喙黑褐色，伸达第三腹节后缘。

麻皮蝽

2. **发生规律** 在北方 1 年发生 1 代，以成虫于草丛中、树洞中、树皮裂缝处、枯枝落叶下及墙缝内、屋檐下越冬。翌年春天草莓或果树发芽时开始活动。成虫飞翔力强，喜于树体上部栖息危害，交配多在上午，长达约 3h。具假死性，受惊扰时会喷射臭液。早晚低温时常假死坠地，正午高温时则逃飞。有弱趋光性和群集性，初孵若虫常群集叶背，二、三龄才分散活动。

3. **防治方法**

（1）秋冬清除杂草，集中销毁和深埋；在成虫、若虫危害期于清晨震落捕杀，在成虫产卵前进行较好。

（2）药剂防治。若虫发生期喷药防治，可喷洒 20% 甲氰菊酯乳油 2 000 倍液混以 50% 敌敌畏乳油 1 000 倍液，或 2.5% 溴氰菊酯乳油 2 000 倍液，或 2.5% 高效氯氟氰菊酯乳油 8 000 倍液，或 20% S- 氰戊菊酯乳油 8 500 倍液，或 20% 杀灭菊酯乳油 8 500 倍液，或 5% 氯氰菊酯乳油或 2.5% 联苯菊酯乳油 8 500 倍液，或 50% 杀螟硫磷乳油 1 500 ～ 2 000 倍液。

五、大青叶蝉

大青叶蝉属半翅目叶蝉科，大青叶蝉以成虫和若虫危害，将刺吸式口器刺入叶片、茎内吸取汁液，使其坏死或枯萎，甚至整株死亡。

1. 形态特征

（1）成虫。体长 7 ～ 10mm，雌体略大。体青绿色，头淡褐色，复眼黑色，有光泽。头部背面有 2 个单眼，两单眼之间有 2 个多边形黑斑。颊区在唇基缝处有小黑斑 1 块。触角窝上方也有 1 块黑斑，后唇基侧缘、中央的纵纹和两侧的弯曲横纹黑色。头的前部左右各有 1 组淡褐色弯曲横纹。前胸背板前缘黄色，其余部分为深绿色。小盾片淡黄绿色，中间有 1 个横刻纹。前翅蓝绿色，前缘色淡，翅的外端灰白色。后翅烟黑色，半透明，腹部背面黑色。

（2）卵。白色微黄，长卵圆形，长 1.6mm，宽 0.4mm，中间微弯曲，一端稍细，表面光滑。

（3）若虫。初孵化时为白色，微带黄绿。头大腹小，复眼红色。2 ～ 6h 后，体色渐变淡黄、浅灰或灰黑色。三龄后出现翅芽。老熟若虫体长 6 ～ 7mm，头冠部有 2 个黑斑，胸背及两侧有 4 条褐色纵纹直达腹端。

大青叶蝉

2. 发生规律

此虫在各地年发生世代数不同，在北方以卵在果树及林木枝干皮层下越冬，越冬卵 4 月孵化，第一代成虫 5 月中下旬出现。5—11 月田间均可见此虫危害。此虫早晚多潜伏不动，中午高温时比较活跃。

3. 防治方法

（1）在成虫期利用灯光诱杀，可以消灭大量成虫。

（2）保持田间清洁，铲除田间地头杂草，及时清理田间枯枝落叶，可减少一部分虫源。

（3）药剂防治。用 25% 噻嗪酮可湿性粉剂 1 500 倍液，或 90% 敌百虫原药 800 ～ 1 000 倍液，或 2.5% 溴氰菊酯乳油 2 000 倍液防治。

六、温室白粉虱

温室白粉虱又名小白蛾子，属半翅目粉虱科，是一种世界性害虫，我国各地均有发生，是大棚内种植作物的主要害虫。主要以若虫和成虫吸取寄主植物的汁液，使被害叶片褪色、变黄、枯萎，甚至死亡。危害作物后能分泌大量蜜露，污染叶片和果实，引起煤污病，诱发其他病害，同时还可传染病毒病。

1. 形态特征

（1）成虫。雌虫个体比雄虫大，经常雌雄成对在一起，大小对比明显。成虫体长 1 ~ 1.5mm，体黄色，覆白色蜡粉，具翅 2 对。停息时双翅在体上合成屋脊状如蛾类，翅端半圆状，遮住整个腹部，沿翅外缘有一排小颗粒。

（2）卵。长椭圆形，长约 0.2mm，黏附于叶背。初产时呈淡黄色，覆有蜡粉，而后渐变褐色，孵化前呈黑色。

（3）若虫。长椭圆形，淡黄色或淡绿色，体表具有长短不一的蜡丝。

温室白粉虱集聚于叶片背面

温室白粉虱成虫

2. 发生规律

以各种虫态在保护地内越冬或继续危害，成虫对黄色有强烈的趋性。不善飞，一般群集在叶背面。成虫具有趋嫩性，因此在植株上部成虫量多。平均每头雌虫产卵 150 粒，孵化后，先爬行活动数小时，在找到适当取食场所后，便将口针插入组织内，取食汁液进行危害。温室白粉虱不耐低温，在辽宁均不能露地越冬。

3. 防治方法

（1）清除前茬作物的残株和杂草，苗床上或温室大棚放风口设置避虫网，防止外来虫源侵入。

（2）物理防治。发生初期，可在温室内悬挂黄板，其上涂抹 10 号机油插于行间，高于植株，诱杀成虫，当机油不具有黏性时及时擦拭更换。

（3）生物防治。在温室内释放人工繁殖的丽蚜小蜂，每隔 10d 左右放 1 次，共放 6 次，有条件的地区也可用粉虱壳孢粉防治。

（4）药剂防治。发生初期及时用药，每株有成虫 2 ～ 3 头时进行防治，尤其掌握在点片发生阶段。发生初期用 10% 吡虫啉可湿性粉剂 400 ～ 600 倍液，或 25% 噻嗪酮可湿性粉剂 1 500 倍液喷雾，一般 5 ～ 7d 喷施 1 次，连喷 2 ～ 3 次。也可以用 20% 灭多威乳油 1 000 倍液 +10% 吡虫啉可湿性粉剂 2 000 倍液，加入消抗液进一步提高药效，以杀死各种虫态的温室白粉虱，每 5 ～ 7 d 喷施 1 次，连喷 2 ～ 3 次，可获得满意效果。设施生产应注意安全生产和保护蜜蜂，可以用 10% 氟啶虫酰胺（具有触杀、胃毒、神经毒剂和快速拒食作用）水分散粒剂 2 500 ～ 5 000 倍液，或 5% 啶虫脒水剂 2 500 倍液，或 22.4% 螺虫乙酯悬浮剂 1 500 倍液，3 ～ 4d 喷施 1 次，连续喷施 3 次。

七、蚜虫

蚜虫，又称腻虫、蜜虫，是一类植食性昆虫，属半翅目蚜总科。蚜虫也是地球上最具破坏性的害虫之一。此虫以成蚜、若蚜吸食植物汁液，影响植株正常发育。在草莓抽蕾始花期大批桃蚜迁入草莓田，群聚花序、嫩叶、嫩心和幼嫩蕾上繁殖、刺吸汁液取食，造成嫩梢萎缩，嫩叶皱缩卷曲、畸形，不能正常展叶，并可传播病毒病，危害严重。

1. 形态特征 蚜虫为多态昆虫，同种有无翅和有翅个体，有翅个体有单眼，无翅个体无单眼。

（1）成蚜。有翅胎生雌蚜体长 1.6 ～ 2.1mm，无翅胎生雌蚜体长 2 ～ 2.6mm，体色多变。头胸部黑褐色，腹部绿、黄绿、褐、赤褐色，额瘤显著。体表粗糙，第七、八节有网纹，腹管细长，圆筒形，端部黑色。

（2）卵。长约 1.2mm，长椭圆形，初为绿色，后变黑色，有光泽。

（3）若蚜。体小似无翅胎生雌蚜，淡红或黄绿色。

蚜虫

2. 发生规律 1 年发生 10 ~ 30 余代。玉米蚜常以孤雌成蚜或若蚜在麦苗或其他禾本科植物苗上越冬。有些种类在某一地区是不全周期（全年孤雌生殖，不发生性蚜世代），在另一地区是全周期，如桃蚜在我国为全周期。蚜虫与蚂蚁有着和谐的共生关系。蚜虫带吸嘴的小口针能刺穿植物的表皮层，吸取养分，每隔 1 ~ 2min，这些蚜虫会翘起腹部，开始分泌含有糖分的蜜露，此时工蚁赶来，用大颚把蜜露刮下，吞到嘴里。一只工蚁来回穿梭，靠近蚜虫，舔食蜜露，就像奶牛场的挤奶作业。蚂蚁为蚜虫提供保护，赶走天敌；蚜虫也给蚂蚁提供蜜露，这是一种互利合作。

3. 防治方法

（1）保护利用天敌。主要天敌有食蚜蝇、异色瓢虫、草蛉及蚜茧蜂等。

（2）药剂防治。用 50% 杀螟硫磷乳油 800 ~ 1 000 倍液，或 50% 抗蚜威可湿性粉剂 2 500 倍液，或 2.5% 溴氰菊酯乳油 3 000 倍液喷雾防治。设施生产可以应用 10% 氟啶虫酰胺（具有触杀、胃毒、神经毒剂和快速拒食作用）水分散粒剂 2 500 ~ 5 000 倍液，或 5% 啶虫脒水剂 2 500 倍液，或 22.4% 螺虫乙酯悬浮剂 1 500 倍液喷雾防治。

八、草莓叶甲

草莓叶甲属鞘翅目叶甲科，以成虫、幼虫啃食叶片，可将叶片吃成孔洞或缺刻，也可食害花瓣、花蕾及果肉。

1. 形态特征

（1）成虫。体呈长方形，体长 3.53 ~ 5.50mm、宽 1.82 ~ 2.35mm，体两侧近于平行。头、前胸及鞘翅均为黄褐色，全身密被灰白色短毛。头较小，埋入前胸内。触角 11 节，其长约为体长的 2/3。前胸背板中部具 1 倒三角形略隆起的无毛区域，此区前缘强烈加宽达于前角；中央两侧具分离的凹陷，其上被灰白色密毛。鞘翅基部宽于前胸背板，肩瘤显突，翅面刻点稠密粗大。足较粗壮，前足基节常开放，爪叉齿式。

（2）卵。黄白色，圆球形，直径约 0.50mm，表面有网状纹，初产时为鲜黄色，一般由 4 ~ 24 粒组成卵块，排列整齐。

（3）幼虫。体长 0.8 ~ 6.5mm。老熟幼虫体长 6mm 左右，头部、前胸背板及胸足黑色，胸部各节两侧各有 1 个大毛瘤，腹部各节具大小不等的黑色毛片。臀板黑色。

（4）蛹。黑褐色，裸蛹，长 3.5 ~ 5.0mm。腹部两侧具瘤样突起，其上着生 2 ~ 3 根刚毛，背中央具浅灰色纵沟，腹部末端有 1 叉状突。老熟幼虫将最后一次皮蜕下，使其黏附于叶片背面与蛹末端，使蛹体倒垂于叶背。

叶甲成虫

2. 发生规律 在辽宁 1 年发生 3 代，以成虫在土壤表层 6 ～ 8cm 处及枯枝叶下越冬。翌年 4 月中旬左右，日均气温在 9.9℃ 以上时，越冬成虫出土活动，4 月下旬至 5 月上旬为越冬成虫的活动盛行期。越冬成虫出土后，即开始取食、补充营养，随后可交配、产卵。6 月上中旬是第一代幼虫的危害高峰期。7—9 月，叶甲成虫聚集危害育苗田草莓植株，危害严重时将草莓叶片啃食殆尽。由于叶甲成虫寿命及产卵期较长，各世代发育不整齐，因此自第二代卵出现后即有世代重叠现象。10 月中旬，当日均气温在 9.2℃ 以下时，成虫入土越冬。此虫危害期较长，自 4 月上旬至 10 月中旬，田间均可见到其危害。

3. 防治方法

（1）应避免种苗传带害虫，抓好繁育圃和假植圃的灭虫工作，尽量将害虫消灭在定植前。

（2）春季及时将露地草莓植株底部的枯黄老叶摘除销毁，可消灭大量卵块，减少虫源。

（3）用 90% 敌百虫原药 1 500 倍液，或 2.5% 溴氰菊酯乳油 2 000 倍液，或 70% 马拉硫磷乳油 1 000 倍液防治。

九、苹毛丽金龟

苹毛丽金龟属鞘翅目丽金龟科，主要危害苹果、梨、桃、樱桃、李、杏、海棠、葡萄、豆类、葱等作物及杨、柳、桑等树木。山地果园虫害发生盛期，1 个花丛上常聚集 10 余头，将花蕾吃光。对草莓的危害主要表现为在春季取食花蕾、嫩叶，尤其嗜食花，可把嫩蕾、花及嫩心叶食成碎状。育苗田主要以幼虫危害根系。

1. 形态特征

（1）成虫。体卵圆形，长 10mm 左右。头胸背面紫铜色，并有刻点。鞘翅为茶褐色，具光泽。由鞘翅上可以看出后翅折叠成 V 形。腹部两侧有明显的黄白色毛丛，尾部露于鞘翅外。后足胫节宽大，有长、短距各 1 根。

（2）卵。椭圆形，乳白色。临近孵化时，表面失去光泽，变为米黄色，顶端透明。

（3）幼虫。体长约 15mm，头部为黄褐色，胸腹部为乳白色。

（4）蛹。长 12.5 ～ 13.8mm，裸蛹，深红褐色。

苹毛丽金龟成虫

苹毛丽金龟幼虫

2. 发生规律 1 年发生 1 代。以成虫在土中越冬。辽宁 4 月中旬成虫开始出土，5 月末绝迹，历期 30d。5 月上旬田间开始见卵，产卵盛期为 5 月中旬，5 月下旬产卵结束。5 月下旬至 8 月上旬为幼虫发生期。7 月底至 9 月中旬为化蛹期，8 月下旬蛹开始羽化为成虫。新羽化的成虫当年不出土，在土中越冬。

3. 生活习性 成虫喜群集在一起取食。通常将一株树上的花或梢端的嫩叶全部吃光以后才转移危害。有时 1 头成虫可在 1 株树上连续取食 2 ～ 3d。雌虫出土后即行交尾，每日交尾时间多集中在午前，交尾后入土开始产卵，每头雌虫平均产卵 21 粒左右。卵多产于土质疏松而植被稀疏的表土层中，产卵深度以 11 ～ 20cm 处最多。卵期 20d 左右。幼虫孵化后，以植物的细根和腐殖质为食。成虫具有趋光性。成虫出土一般有两个盛期。第一次出现在 4 月下旬，占总虫数的 30%；第二次出现在 5 月中旬，占总虫数的 65%。成虫出土活动与温度和降雨有直接关系，如平均气温在 10℃ 以上，雨后常有大量成虫出现；当地表温度达 12℃，平均气温接近 11℃ 时，成虫白天出土，上树取食，但傍晚仍潜入土中；当平均气温达 20℃以上时，成虫于树上取食，不再下树，直至产卵。成虫的假死习性与温度也有很大关系，当气温低于 18℃ 时，假死习性非常明显，稍遇震动则坠落地面；气温高于 22℃ 时，成虫假死习性不明显。该虫耐旱性较强，成虫活动、取食均在较高燥处，产卵也在地势较高、排水良好的沙土中。

4. 防治方法

（1）利用性诱散发器诱杀雄虫。取普通试管或塑料瓶，将雌成虫放入其内，里面放少许鲜树叶或蕾、花，用细纱布封口制成性诱散发器。将性诱散发器悬挂于诱杀盆（普通脸盆）上方，盆内盛水 80%，以防引诱到的成虫逃逸，水中加入少许洗衣粉。早晨挂出，晚上收回。从 4 月中旬开始诱捕雄虫，下雨、降温天气除外。

（2）成虫发生期间，清除田间堆积的垃圾和杂草，减少发病场所；或者人为制造适合成虫产卵的场所（堆积腐烂叶等），集中消灭幼虫；利用早晚气温低成虫不爱活动和成虫受震动坠地假死的特性人工捕杀。

（3）利用成虫趋光性，使用频振式杀虫灯诱杀。

（4）保护利用鸟类、青蛙、步甲、刺猬、寄生蜂等天敌。

（5）将吃过的西瓜皮残瓣涂抹上吡虫啉、敌百虫药液，置于苗圃间步道沟中，毒杀成虫。5 ～ 10m 放置 1 块，瓜瓣朝上，3d 换 1 次。

（6）药剂防治。用 10% 吡虫啉可湿性粉剂 1 000 倍液等浇灌根部，防治幼虫；用白僵菌沟施后盖土，诱杀幼虫；成虫盛发期，用 20% 甲氰菊酯乳油 500 倍液，或 25% 速灭威可湿性粉剂 500 倍液，或 25% 甲萘威可湿性粉剂 800 ～ 1 000 倍液防治。

十、小青花金龟

小青花金龟属鞘翅目花金龟科。成虫喜食芽、花器、嫩叶及成熟有伤的果实，幼虫危害植物地下部组织。

1. 形态特征

（1）成虫。体长椭圆形稍扁，长 11 ～ 16mm，宽 6 ～ 9mm；背面暗绿或绿色至古铜微红及黑褐色，变化大，多为绿色或暗绿色；腹面黑褐色，具光泽，体表密布淡黄色毛和刻点；头较小，黑褐或黑色，唇基前缘中部深陷；前胸背板半椭圆形，前窄后宽，中部两侧盘区各具白绒斑 1 个，近侧缘亦常生不规则白斑，有些个体没有斑点；小盾片三角状；鞘翅狭长，侧缘肩部外凸，且内弯；翅面上生有白色或黄白色绒斑，一般在侧缘及翅合缝处各具较大的斑 3 个；肩凸内侧及翅面上亦常具小斑数个；纵肋 2 ～ 3 条，不明显；臀板宽短，近半圆形，中部偏上具白绒斑 4 个，横列或呈微弧形排列。

（2）卵。椭圆形，长 1.7 ～ 1.8mm，宽 1.1 ～ 1.2mm，初为乳白色，渐变淡黄色。

（3）幼虫。体长 32 ～ 36mm，头宽 2.9 ～ 3.2mm；体乳白色，头部棕褐色或暗褐色，上颚黑褐色；前顶刚毛、额中刚毛、额前侧刚毛各具 1 根；臀节肛腹片后部生长短刺状刚毛，覆毛区的尖刺列每列具刺 16 ～ 24 根，多为 18 ～ 22 根。

（4）蛹。长 14mm，初淡黄白色，后变橙黄色。

小青花金龟成虫

2. 发生规律 每年发生 1 代，北方以幼虫越冬，翌年 4 月上旬出土活动，4 月下旬至 6 月盛发，雨后出土多。成虫白天活动，中午前后气温高时活动频繁，取食危害最重，多群集在花上，食害草莓花瓣、花蕊、芽及嫩叶，致落花。

3. 防治方法 参考苹毛丽金龟防治方法。

十一、黑绒鳃金龟

黑绒鳃金龟属鞘翅目鳃金龟科。主要危害烟草、苎麻、苹果、梨、山楂、桃、杏、枣等植物，以成虫食害嫩芽、新叶和花器造成危害。

1. 形态特征

（1）成虫。小型，体近卵圆形，长 6 ～ 9mm，宽 5 ～ 6mm，体黑褐色至黑色，被黑褐色至黑色短绒毛，体表有丝绒状闪光。触角小，赤褐色，9 节，鳃片 3 节。鞘翅侧缘微弧形，每鞘翅上各有 9 条刻点沟。

（2）卵。椭圆形，长径 1 ～ 2mm，短径 0.8mm，初产时乳白色，有光泽，孵化前色泽变暗。

（3）幼虫。老熟幼虫体长 14 ～ 16mm，头部黄褐色，头部前顶毛每侧各 1 根，触角基膜上方每侧有 1 棕红色单眼，胸部、腹部乳白色，多皱褶，被黄褐色细毛。

（4）蛹。体长 8 ～ 9mm，黄色，头部黑褐色。末节略呈方形，两后角各有 1 个肉质突起。

黑绒鳃金龟成虫

2. 发生规律 北方地区 1 年发生 1 代，以成虫在土中越冬。翌年 4 月中旬出土活动，4—6 月为发生危害盛期，多群集危害，6—8 月为幼虫生长发育期。

3. 防治方法 参考苹毛丽金龟防治方法。

十二、东北大黑鳃金龟

东北大黑鳃金龟为鞘翅目鳃金龟科。主要危害苹果、梨、桃、李、杏、梅、樱桃、核桃以及其他多种作物。幼虫食害各种蔬菜苗根，成虫仅食害树叶及部分作物叶片，幼虫（蛴螬）危害可致蔬菜幼苗枯死，造成缺苗断垄，是重要地下害虫之一。

1. 形态特征

（1）成虫。体长椭圆形，长 17 ～ 21mm，宽 8.4 ～ 11mm，黑至黑褐色，具光泽。触角鳃叶状，棒状部 3 节。前胸背板宽，约为长的 2 倍，两鞘翅表面均有 4 条纵肋，上密布刻点。前足胫节外侧具 3 齿，内侧有 1 棘与第二齿相对，各足均具爪 1 对，爪为双爪式，爪中部下方有垂直分裂的爪齿。

（2）卵。椭圆形，长 3mm，初乳白色，后变黄白色；孵化前近圆球形，洁白而有光泽。

（3）幼虫。体长 35 ～ 45mm，头部黄褐至红褐色，具光泽，体乳白色，疏生刚毛。肛门 3 裂，肛腹片后部无尖刺列，只具钩状刚毛群，多为 70 ～ 80 根，分布不均。

（4）蛹。体长 20 ～ 24mm，初乳白色，后变黄褐至红褐色。

东北大黑鳃金龟成虫

2.发生规律 东北大黑鳃金龟在辽宁2年发生1代，成虫和幼虫交替越冬。成虫白天潜伏，晚间活动，有假死性，雄虫趋光性强，雌虫趋光性弱。成虫喜食豆科或薯类作物叶片。露地草莓及育苗田生产在5—8月受到幼虫（蛴螬）危害，幼虫啃食根系造成根系中间截断，远看草莓苗失水发黄、萎蔫，用手就可将草莓苗成片拔起。

3.防治方法 参考苹毛丽金龟防治方法。

十三、肾毒蛾

肾毒蛾又名肾纹毒蛾、大豆毒蛾、飞机刺毛虫，属鳞翅目毒蛾科，食性杂，全国各地均有分布。肾毒蛾是草莓植株上常见的毛虫之一，除危害草莓外，还危害多种果树和蔬菜。以幼虫危害，幼虫群集于叶背面啃食叶肉，吃光后再危害下一叶片，稍大后可将叶片吃成孔洞与缺刻，危害严重时可将全叶吃光。

1.形态特征

（1）成虫。中型蛾，体长15～22mm，展翅雌蛾40～50mm、雄蛾34～40mm。口器退化，触角青黄色，长齿状，栉齿褐色。头胸部深黄褐色，腹部黄褐色，后胸和腹部第二、三节背面各有1束黑色短毛。足深黄褐色。前翅内区前半褐色，间白色鳞片，后半白色，内横线为1条褐色宽带，内侧衬以白色细线。

（2）卵。半球形，淡青绿色，渐变褐色，数十粒至百粒成块产于叶背或其他物体上。

（3）幼虫。毛虫，共5龄。老熟幼虫体长40～45mm，头黑色，有黑毛，前胸背面两侧各有1个黑色大瘤，上有向前伸的黑褐色长毛束。其余各节肉瘤棕褐色，上有白褐色毛。腹部第一、二节背面各有两丛粗大的棕褐色竖毛簇，形如机翼。胸足黑色，每节上方白色。腹足暗褐色。

(4) 蛹。长 21 ~ 24mm，红褐色，背面有长毛，腹部前 4 节有灰色瘤状突起，外围被淡褐色疏丝茧包。

肾毒蛾成虫

肾毒蛾幼虫

2. 发生规律 4 月开始危害，低龄幼虫群集危害，在叶背啃食叶肉，吃成罗网或孔洞，四龄食量大增，五至六龄暴食期每天可食 1 ~ 3 片单叶。越冬代幼虫春季暴食期与草莓花期相遇，可以危害花和果实，对产量和品质均有明显影响，以后各代还可影响育苗质量。

3. 防治方法

(1) 设置频振式杀虫灯或黑光灯，诱杀成虫。

(2) 人工摘除卵块或群集的幼虫，集中杀灭处理，可压低虫量；保护天敌小茧蜂、姬蜂及寄生蝇等寄生性天敌；温室生产，早晨卷帘前和晚间放帘后田间抓捕幼虫和喷施药剂。

(3) 药剂防治。用 90% 敌百虫原药 800 ~ 1 000 倍液，或 20% 虫螨腈乳油 1 500 倍液，或 24% 氰氟虫腙悬浮剂 750 倍液，或 2.5% 溴氰菊酯乳油 2 500 倍液，或 20% 氰戊菊酯乳油 2 500 ~ 3 000 倍液，或 25% 灭幼脲悬浮剂 2 000 倍液，或 20% 杀灭菊酯乳油 3 000 倍液，或 25% 喹硫磷乳油 1 500 倍液，或 1.8% 阿维菌素乳油 3 000 倍液喷雾防治。设施草莓生产还可以喷施以下药剂：5% 甲维盐（甲氨基阿维菌素苯甲酸盐，有胃毒、触杀作用）乳油 3 000 倍液，或 15% 茚虫威（有触杀、胃毒作用）悬浮剂 1 500 倍液，或 20% 虫酰肼（昆虫激素类杀虫剂，对所有鳞翅目幼虫均有效，对抗性害虫棉铃虫、菜青虫、小菜蛾、甜菜夜蛾等有特效，有极强的杀卵活性）悬浮剂 1 000 ~ 2 500 倍液，或 5% 虱螨脲（对食叶毛虫、蓟马、锈螨、白粉虱有效，适合防治对合成除虫菊酯和有机磷农药产生抗性的害虫）悬浮剂 1 500 倍液，或 5% 阿维菌素乳油 2 500 倍液。

十四、古毒蛾

古毒蛾为鳞翅目毒蛾科古毒蛾属的一种昆虫，我国北方发生较多。以幼虫危害，低龄幼虫主要食害嫩芽、幼叶，稍大后将叶片食成缺刻和孔洞，危害严重时将叶片食光。

1. 形态特征

（1）成虫。雌雄异型；雌虫体长 10 ～ 22mm，翅退化，体略呈椭圆形，灰色至黄色，有深灰色短毛和黄白色绒毛，头很小，复眼灰色。雄虫体长 8 ～ 12mm，体灰褐色，前翅黄褐色至红褐色。

（2）卵。近球形，白色逐渐变为灰黄色。

（3）幼虫。体长 33 ～ 40mm，头部灰色至黑色，有细毛。体黑灰色，有黄色和黑色毛，前胸两侧各有 1 束黑色羽状长毛；腹部背面中央有黄灰至深褐色刷状短毛。雌成虫不活泼，除交尾时在茧壳上爬行外一般不爬行，卵产在其羽化后的薄茧上面，块状单层排列。雄成虫有趋光性。

古毒蛾成虫

古毒蛾幼虫

2. 发生规律 在北方 1 年发生 1 ～ 3 代，以卵在茧内越冬。雌虫在 6 月上中旬孵化出幼虫，初孵幼虫 2d 后开始取食，多群集在幼芽、嫩叶上危害，幼虫可吐丝下垂并借风力传播。稍大分散危害，多在夜间取食，常将叶片吃光。

3. 防治方法 参考肾毒蛾防治方法。

十五、红棕灰夜蛾

红棕灰夜蛾属鳞翅目夜蛾科。以幼虫危害叶片，食叶成缺刻或孔洞，严重时可把叶片食光。也可危害嫩芽、花蕾和浆果。在草莓上多食害嫩梢、嫩蕾、花序和幼果，尤以春季危害严重。

1. 形态特征

（1）成虫。体长 15 ～ 17mm，翅展 38 ～ 41mm。头部及胸部红棕色，腹部褐色。前翅红棕色，基线及内线隐约可见，双线波浪形，剑纹粗短，褐色，环纹、肾纹椭圆形，不明显，外横线棕色，锯齿形，亚缘线微白；后翅褐色，基部色浅。

（2）卵。球形，淡褐色，直径约为 0.3mm。

（3）幼虫。老熟时体长 39 ～ 43mm，头褐色，体淡褐色至黄褐色，体两侧气门线淡黄色或白色。背线、亚背线及气门线均由 1 列小圆白斑组成，圆斑上均有黑边。

（4）蛹。体长 12 ～ 15mm，浅褐色，腹末有 1 尾棘。

红棕灰夜蛾成虫　　　　　　　　　　　　　红棕灰夜蛾幼虫

2. 发生规律　此虫在辽宁 4 月下旬至 5 月上旬出现越冬成虫，5 月下旬至 6 月中旬及 8 月下旬至 9 月中旬是幼虫发生危害期。

3. 防治方法　参考肾毒蛾防治方法。

十六、梨剑纹夜蛾

梨剑纹夜蛾在国内大部分地区都有发生，危害玉米、白菜（青菜）、苹果、桃、梨、草莓等作物。以幼虫危害叶片，叶片受害后形成孔洞、缺刻，也可危害花蕾、花和幼果。

1. 形态特征

（1）成虫。体长约 14mm，翅展 32 ～ 46mm。头部及胸部棕灰色杂黑白毛；额棕灰色，有 1 黑条；跗节黑色间以淡褐色环；腹部背面浅灰色带棕褐色，基部毛簇微带黑色；前翅暗棕色间以白色，基线为 1 黑色短粗条，末端曲向内线，内线为双线黑色波曲，环纹灰褐色黑边，肾纹淡褐色，半月形，有 1 黑条从前缘脉达肾纹，外线双线黑色，锯齿形，在中脉处有 1 白色新月形纹，亚端线白色，端线白色，外侧有 1 列三角形黑斑，缘毛白褐色；后翅棕黄色，边缘较暗，缘毛白褐色。

（2）卵。半球形，宽约 0.5mm，高约 0.55mm。卵面中部有纵棱，纵棱间有微凹横格。

初产乳白色，孵化前暗褐色。

（3）幼虫。体灰褐色，有斑纹，背面有 1 列黑斑，中央有橘红色点，亚背线有一列白点。老熟幼虫体长 28 ～ 33mm。初孵时灰绿褐色，被黑色长毛，二龄起体色和毛色多变，大致可分为两类：黑头型，头部黑褐色微有光泽，体略显褐色，背线为黄白至枯黄斑点，腹面紫褐或灰棕色，胸足及腹足黑褐色；红头型，头部红赭至红褐色，光亮，体色和毛色都偏向红赭。同一个卵块孵出的幼虫可以兼具红头型、黑头型和许多中间型幼虫的特征。

梨剑纹夜蛾成虫　　　　　　　　　　　梨剑纹夜蛾幼虫

2. 发生规律　在辽宁 1 年发生 2 代，自 4 月下旬至 8 月上旬均可诱到成虫。幼虫 5 月下旬至 8 月上旬危害大豆，8 月上旬至 9 月中旬在棉花、大豆、花生上均有幼虫危害。幼虫不活泼，行动迟缓。以蛹在土中越冬。

3. 防治方法　参考肾毒蛾防治方法。

十七、丽木冬夜蛾

丽木冬夜蛾属鳞翅目夜蛾科冬夜蛾亚科木冬夜蛾属，别名台湾木冬夜蛾。主要危害草莓、黑莓、牛蒡、豌豆、果树、烟草等作物。初孵幼虫专食嫩尖、嫩心，咬断嫩梢，迟发的幼虫直接危害嫩蕾，老熟幼虫危害叶片，可将叶片吃成孔洞、缺刻，并能蛀食果实。

1. 形态特征

（1）成虫。体长 25mm，翅展 54 ～ 58mm，头部和颈板浅黄色，额和下唇须红褐色，后者外侧具黑条纹，颈板近端部具赤褐色弧形纹。胸部棕褐色，腹部褐色。前翅浅褐灰色，翅脉暗褐色，基线双线棕黑色，内线双线黑棕色，波曲外斜，环纹大，黑边，内有黑斑 3 个，中线黑棕色，肾纹大，灰黑色，外线波浪形双线，翅脉色深，亚缘线内侧衬有黑棕色细波纹，缘线双线黑色，内 1 线呈新月形黑色点。后翅灰黄褐色。足红褐色。胸下和腿具长毛，前足胫节具大刺。

（2）幼虫。黄褐色，各龄幼虫变异很大。三龄时体细长，青绿色，头绿色，进入三龄后期，头、体增至数倍，体绒绿色，背管青绿色，各体节肥大，节间膜缢缩；四龄体呈方形，两侧具黄白色边，背线双线黑褐色，亚背线色浅具棕色边，各节背面向两侧有黑褐色影状斜纹，气门线白色，上侧衬黑褐色，气门长椭圆形，气门筛橘红色，围气门片黑褐色，胸足红褐色。

丽木冬夜蛾成虫　　　　　　　　　　　丽木冬夜蛾幼虫

2. 发生规律　以成虫在土下的蛹里越冬。翌年 3—4 月羽化出土。幼虫于 4 月下旬始见，5—6 月进入末龄，入土后吐丝结茧越夏，9—10 月才化蛹。

3. 防治方法　参考肾毒蛾防治方法。

十八、甜菜夜蛾

甜菜夜蛾又名玉米夜蛾、玉米小夜蛾、玉米青虫，属鳞翅目夜蛾科，为杂食性害虫。初孵幼虫结疏松网在叶背群集取食叶肉，受害部位呈网状半透明的窗斑，干枯后纵裂。三龄后幼虫开始分群危害，可将叶片食成孔洞、缺刻，严重时全部叶片被食尽，整个植株死亡。四龄后幼虫开始大量取食，蚕食叶片、啃食花瓣、蛀食果实。

1. 形态特征

（1）成虫。体长 10 ～ 14mm，翅展 25 ～ 30mm，虫体和前翅灰褐色，前翅外缘线由 1 列黑色三角形小斑组成，肾形纹与环纹均黄褐色。

（2）卵。圆馒头形，卵粒重叠，形成 1 ～ 3 层卵块，上覆白绒毛。

（3）幼虫。体色多变，一般为绿色或暗绿色，气门下线黄白色，两侧有黄白色纵带纹，有时带粉红色，各气门后上方有 1 个显著白色斑纹。腹足 4 对。

（4）蛹。体长 1cm 左右，黄褐色。

甜菜夜蛾成虫

甜菜夜蛾幼虫

2. 发生规律 1年发生3～4代。成虫有强趋光性，但趋化性弱，昼伏夜出，白天隐藏于叶片背面、草丛和土缝等阴暗场所，傍晚开始活动，夜间活动最盛。卵多产于叶背，苗株下部叶片上的卵块多于上部叶片，平铺1层或多层重叠。幼虫昼伏夜出，有假死性，稍受惊吓即卷成C状，滚落到地面。幼虫怕强光，多在早、晚危害，阴天可全天危害。虫口密度过大时，幼虫可自相残杀。老熟幼虫入土，吐丝筑室化蛹。适温（或高温）高湿环境条件有利于甜菜夜蛾的生长发育。

3. 防治方法 参考肾毒蛾防治方法。

十九、大造桥虫

大造桥虫属鳞翅目尺蛾科。以幼虫食害叶片，初孵幼虫剥食正面表皮及叶肉，残留下表皮，形成网状纹，二龄后可将叶片食成缺刻和孔洞，幼虫稍大后可将全叶食光，严重时仅剩叶脉，也可食害蕾、花和幼果。

1. 形态特征

（1）成虫。体长15～17mm，翅展35～45mm，体色变异较大，一般淡灰褐色，散布黑褐及黄色鳞片。前翅暗灰带白色，杂黑色及黄色鳞片，底面银灰色。亚缘线及内、外横线黑褐色波状，中线较模糊，外缘线由半月形点列组成。前后翅有4个暗色星状纹，后翅颜色、斑纹与前翅相同，前后翅展开时各条纹相对应连接。

（2）卵。长椭圆形，长约1.7mm，青绿色，孵化前为灰白色。

（3）幼虫。老熟幼虫体长约40mm，圆筒形，具2对腹足，行动或静止时身体中间常拱起作桥状，故名大造桥虫。头黄褐色，较大，头顶两侧有黑点1对。胸足褐色，腹足黄绿色，端部黑色。

大造桥虫成虫

大造桥虫幼虫

2. 发生规律 1年发生3～4代，末代幼虫入土化蛹越冬。翌年4月卵孵化幼虫开始活动。

3. 防治方法

(1) 灯光诱杀。利用成虫趋光性，在有条件的地区设置频振式杀虫灯或黑光灯，诱杀成虫。

(2) 在越冬前把稻或麦草束捆在枝条上，诱集幼虫钻入草把内越冬，于冬季集中杀灭。

(3) 生物防治。用每克含100亿活孢子的苏云金杆菌可湿性粉剂500～1 000倍液喷雾防治。人工释放桑尺蠖脊腹茧蜂，寄生率70%～80%。

(4) 药剂防治。选用90%敌百虫原药1 000倍液，或40%辛硫磷乳油1 000～1 500倍液，或5%氟铃脲乳油1 500倍液，或20%杀灭菊酯乳油1 000～2 000倍液，或25%灭幼脲悬浮剂1 500倍液，或2.5%三氟氯氰菊酯乳油或20%氰戊菊酯乳油或2.5%溴氰菊酯乳油等菊酯类杀虫剂4 000～5 000倍液，或10%吡虫啉可湿性粉剂2 500倍液防治。

二十、小家蚁

小家蚁为膜翅目细腰亚目蚁科小家蚁属物种的统称，又名室黄蚁、家蚁、厨蚁和小黄家蚁。此蚁啃食成熟草莓果肉，轮回取食，最后将果实食光，仅剩花萼，对草莓危害较严重；育苗田小家蚁、蚜虫互生，小家蚁既盗洞危害根系又协助蚜虫危害草莓植株。

小家蚁

1. 形态特征

(1) 雌蚁。体长3～4mm，腹部较膨大。

(2) 雄蚁。体短，长2.5～3.5mm，营巢后翅脱落只剩翅痕。

(3) 工蚁。体长2.2～2.4mm，淡黄至深黄褐色，有时带红色，腹部后部2～3节背面黑色。头胸部、腹柄节具微细皱纹及小颗粒。腹部光滑具闪光，体毛稀疏。触角12节，细长，柄节长度超过头部后缘。前中胸背面圆弧形，

第一腹柄节楔形，顶部稍圆，前端突出部长些；第二腹柄节球形，腹部长卵圆形。

（4）蚁卵。乳白色，椭圆形。

2. 生活习性　嗅觉相当灵敏，由于爬行时释放出蚁酸，所以行动路线相对固定。喜欢吃甜食、乳品及高蛋白、高脂肪类食品。该蚁对环境、气温选择性强，惧寒冷，气温低于 6℃时，则不出穴觅食，抗饥渴，繁殖力强，繁殖速度快。

3. 防治方法　用 0.13% ～ 0.15% 的灭蚁灵粉与玉米芯粉或食油拌匀，放在火柴盒里，每盒 2 ～ 3g，每平方米放 1 盒。灭蚁灵虽然比较安全，但也有一定的毒性，不可随意加大用药量。危害严重的地方可用灭蟑螂蚂蚁药，每 15m² 用 1 ～ 3 管，每管 2g，分放 10 ～ 30 堆，湿度大的地方可把药放在玻璃瓶内，侧放，即可长期诱杀。还可用 2.5% 溴氰菊酯乳油 4 000 倍液，或 10% 吡虫啉可湿性粉剂 2 500 倍液喷雾杀灭。

二十一、二斑叶螨

二斑叶螨属蜱螨目叶螨科，又称黄蜘蛛、白蜘蛛。食性杂，危害苹果、梨、桃、杏等多种果树，也危害棉花、大豆、玉米等多种作物。近年此螨在北方草莓产区蔓延危害。叶片正面出现若干针眼般枯白小点，以后小点增多，以致整个叶片枯白。

1. 形态特征

（1）成螨。雌螨体长 0.42 ～ 0.59mm，椭圆形，一般为深红或锈红色，也有浓绿、黑褐、绿褐等色。越冬雌螨橙黄色，较夏型肥大。主要是体背两侧各具 1 块暗红至暗褐色长斑。细看呈"山"字形，有时中部断开，隐约分成前后两块斑。雄螨体长 0.26mm，近卵圆形，腹末较尖，多为鲜红色。

（2）卵。球形，长 0.13mm，表面光滑，无色至橙红色。

（3）幼螨。近圆形，很小，仅长 0.15mm，无色，透明，取食后体暗绿色，足 3 对，眼红色。

（4）若螨。前期近卵圆形，体长 0.2 ～ 0.3mm，足 4 对，体色逐渐加深，背面出现色斑。后期若螨与成螨相似，变黄褐色，体长 0.3 ～ 0.4mm。

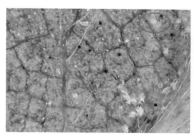

二斑叶螨成虫　　　　　　　　　　　　　二斑叶螨危害草莓叶片结网

2. 发生规律 在草莓上每年一般发生 3 ～ 4 代。二斑叶螨以雌螨滞育越冬，早春平均气温达 5 ～ 6℃时越冬雌螨开始活动，6 ～ 7℃时开始产卵繁殖，世代重叠，随气温升高繁殖加快。温暖干燥的环境下繁殖快，能在叶背拉丝躲藏。喜群集叶背主脉附近，并吐丝结网危害，有吐丝下垂借风力扩散传播的习性。

3. 防治方法

(1) 消灭越冬虫源，清除越冬寄主杂草。

(2) 药剂防治。5% 噻螨酮乳油 2 000 倍液，或 73% 克螨特乳油 2 000 倍液，或 2.5% 联苯菊酯乳油 2 000 倍液，或 15% 哒螨灵乳油 2 000 倍液，或 22% 阿维·螺螨酯悬浮剂 1 500 倍液等具触杀、胃毒作用，对害螨的各个发育阶段都有效；21% 四螨·唑螨酯悬浮剂 1 000 ～ 1 500 倍液，可杀死若螨、成螨和夏卵，且药效较持久，残效期较长；25% 阿维·乙螨唑悬浮剂 1 000 ～ 1 500 倍液，有触杀和胃毒作用，果实采前半个月停止用药。保护地生产（5 ～ 7d 可以放养蜜蜂）喷施 95% 喹螨醚（具有杀菌活性，可有效防治多种植物的真叶螨、全爪螨和红叶螨以及紫红短须螨）乳油 2 000 倍液，或 24% 联苯肼酯悬浮剂 1 500 倍液，或 20% 三唑锡悬浮剂 2 000 倍液，或 40% 联肼·乙螨唑悬浮剂 2 500 倍液。

二十二、朱砂叶螨

朱砂叶螨为蜱螨目叶螨科，别名棉叶螨、红叶螨、火龙。以成螨和若螨在叶片背面刺吸汁液，发生多时叶片苍白，生长委顿，严重时叶片枯焦脱落，田块如火烧状。

1. 形态特征 朱砂叶螨的一生要经过卵、幼螨、第一若螨、第二若螨和成虫等时期。

(1) 雌虫。背面观呈卵圆形，长 489 ～ 604 μm，宽 282 ～ 348 μm，因寄主种类和食物而异。春夏活动时期，体色为黄绿色或锈红色，眼的前方淡黄色。从夏末开始出现橙红色个体，深秋时橙红色个体日渐增多，为越冬雌螨。身体两侧各有黑斑 1 个，其外侧 3 裂，内侧接近身体中部。前足体上有眼 2 对，成连环状。背面的表皮纹路纤细，在内腰毛和内骶毛之间纵行，形成明显的菱形纹。

(2) 雄虫。背面观略呈菱形，比雌虫小得多；体长约 365 μm，宽约 192 μm。体色为黄绿色或鲜红色，在眼的前方呈淡黄色。须肢跗节的锤突细长，长度是宽度的 3 倍多；轴突稍短于锤突；刺突比锤突长。

(3) 卵。圆形，直径约 129 μm。初产时透明，苍白色，逐渐变为淡黄色、橙黄色，孵化前，透过卵壳可见 2 个红色斑点。

(4) 幼螨。背面观几乎呈圆形，长 223 ～ 276 μm，宽 160 ～ 181 μm。初孵时苍白色，取食后呈淡黄绿色。背毛数与雌虫相同。腹毛只有 7 对，基节毛 1 对，前基节间毛 1 对，中基节间毛 1 对，肛毛 2 对和肛后毛 2 对。足 3 对。

(5) 第一若螨。背面观呈椭圆形，长 299 ～ 315 μm，宽 193 ～ 194 μm，黄绿色。背毛数与雌虫相同；腹毛数较雌虫减少 5 对，基节毛 4 对。足 4 对。

（6）第二若螨。背面观呈长椭圆形，长 348 ~ 386μm，宽 218 ~ 237μm，黄绿色。背毛数与雌虫相同。腹面无生殖皱襞层，生殖毛只有 1 对，其余的腹毛均与雌虫相同。足 4 对。

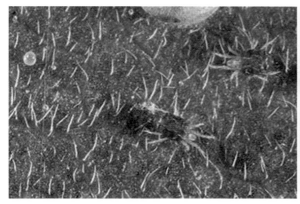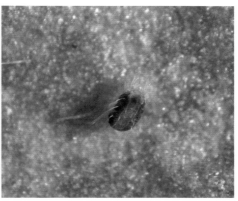

朱砂叶螨成虫

2. 发生规律 东北 1 年可发生 12 代，4 月下旬至 5 月下旬从杂草等越冬寄主迁入草莓田，首先在田间点片发生，再向周围植株扩散。在植株上先危害下部叶片，再向上部叶片蔓延。高温低湿条件下发生严重，露地草莓以 6—8 月受害最重。朱砂叶螨在北方温室可全年繁殖危害。

3. 防治方法 同二斑叶螨防治方法。

二十三、蓟马

蓟马为昆虫纲缨翅目昆虫的统称，在草莓上主要危害花、果实，以成虫和若虫锉吸植株幼嫩组织的汁液，被吸食汁液的花蕊逐步发黑，失去活性，授粉后有的产生畸形果，有的不能坐果，果实被害后，果面失水硬化皱裂，俗称"花脸"，失去商品价值。蓟马是重要的经济作物害虫之一。

1. 形态特征

（1）成虫黄色、棕色或黑色，体微小，体长 0.5 ~ 2mm，很少超过 7mm。

（2）幼虫呈白色、黄色或橘色。

2. 防治方法

（1）农业防治。清除田间杂草和越冬的枯枝残叶，集中销毁或深埋，消灭越冬成虫和若虫。

（2）物理防治。在草莓生产田悬挂蓝色粘板，诱杀成虫，粘板高度高于草莓顶部叶片15cm。

（3）药剂防治。叶面喷施 60% 乙基多杀菌素悬浮剂 1 500 倍液，3d 喷施 1 次，共 2 次，同时滴灌冲施 25% 噻虫嗪水分散粒剂 2 000 倍液，或用 25% 噻虫嗪水分散粒剂 800 倍液叶面喷雾，可以添加阿维菌素，或 1.8% 阿维菌素乳油 2 000 倍液 +22.4% 螺虫乙酯悬浮剂 3 000 倍液 +98% 酒精 20mL（兑 1 壶水）。要在上午 9:00 点前喷药，因为早起棚室温度较低，躲在花内的蓟马生理活性不高，喷施药剂效果较好。温度升高后喷施药剂，蓟马容易迁移，效果不理想。

蓟马危害花蕊

二十四、蜗牛

蜗牛属腹足纲柄眼目蜗牛科、大蜗牛科，主要种类有华蜗牛、散大蜗牛、夏威夷蜗牛等。蜗牛用齿舌——一个布满牙齿的带状结构，来碾碎食物，危害植物的茎、叶或根。

1. 形态特征

（1）成贝。体长 30 ～ 36mm，灰黄或乳白色，具 5 层螺层。头部有长、短触角各 1 对；眼在后触角顶端。足在身体腹面，适合爬行。

（2）幼贝。形态和颜色与成贝极相似，体型略小，螺多在 4 层以下，卵圆球形，直径约 2mm。初为白色，孵化前变为灰黄色，有光泽。

蜗牛

2. **发生规律** 蜗牛发生经过 4 个时期。

（1）孵化期。是指从蜗牛产出的卵到孵化出壳的这一段时期。

（2）幼贝期。是指蜗牛出壳后到 30d 以内的小螺阶段。

（3）成贝期。幼贝 1 ~ 6 月龄的阶段，是介于幼贝和种贝之间的一个时期，既是蜗牛生长发育（个体膨大）的时期，又是蜗牛生殖生长（性器官的生长和发育）的时期。

（4）种贝期。蜗牛生长满 6 个月以上的时期。温室栽培常见于 2 月上旬开始活动，到 6 月草莓采收结束后为止。

3. **生活习性** 蜗牛喜欢在阴暗潮湿、疏松多腐殖质的环境中生活，昼伏夜出，最怕阳光直射，对环境反应敏感，最适合环境温度 16 ~ 30℃（23 ~ 30℃时生长发育最快）。蜗牛喜欢钻入疏松的腐殖土中栖息、产卵、调节体内湿度和吸取部分养料，时间可达 12h 之久。杂食性和偏食性并存，怕水淹。在潮湿的夜间，投入湿漉的食料，蜗牛的食欲活跃。当受到敌害侵扰时，它的头和足便缩回壳内，并分泌出黏液将壳口封住；当外壳损害致残时，它能分泌出某些物质修复肉体和外壳。蜗牛具有惊人的生存能力，对冷、热、饥饿、干旱有很强的忍耐性。

4. **防治方法**

（1）清洁田园，秋季耕翻土壤破坏其栖息环境。

（2）药剂防治。用多聚乙醛配成含有效成分 4% 左右的豆饼粉或玉米粉毒饵，于傍晚撒于田间垄上诱杀；或每亩用 6% 四聚乙醛颗粒剂 0.5 ~ 0.6kg，均匀撒施垄间诱杀。蜗牛未潜入土中时，喷洒硫酸铜 800 ~ 1 000 倍液防治。

二十五、野蛞蝓

野蛞蝓为腹足纲柄眼目蛞蝓科，又名鼻涕虫。在草莓上主要危害成熟期浆果，危害后草莓果实出现孔洞，被拱食过的浆果失去经济价值。

1. **形态特征**

（1）成体。伸直时长 30 ~ 60mm，宽 4 ~ 6mm，内壳长 4mm，宽 2.3mm，长梭形，柔软，光滑而无外壳。体表暗黑色、暗灰色、黄白色或灰红色，有的有不明显暗带或斑点。触角 2 对，暗黑色，下边 1 对短。黏液无色。右触角后方约 2mm 处为生殖孔。

（2）卵。椭圆形，韧而富有弹性，直径 2 ~ 2.5mm，白色透明可见卵核，近孵化时色变深。

（3）幼体。初孵幼体长 2 ~ 2.5mm，淡褐色，体形同成体。

野蛞蝓成虫

野蛞蝓危害草莓果实

2. 发生规律　以成体或幼体在作物根部湿土下越冬。5—7月在田间大量活动危害，入夏气温升高，活动减弱，秋季气候凉爽后，又活动危害。在北方7—9月危害较重。

3. 生活习性　喜潮湿。完成1个世代约250d，5—7月产卵，卵期16～17d，从孵化至成体性成熟约55d。成贝产卵期可长达160d。野蛞蝓雌雄同体，异体受精，亦可同体受精繁殖。卵产于湿度大而有隐蔽的土缝中，每隔1～2d产1次，每次产卵1～32粒，每处产卵10粒左右，平均产卵量为400余粒。野蛞蝓怕光，强光下2～3h即死亡，因此均夜间活动，从傍晚开始出动，晚上10:00～11:00达高峰，清晨之前又陆续潜入土中或隐蔽处。耐饥力强，在食物缺乏或不良条件下能不吃不动。阴暗潮湿的环境易于大发生。

4. 防治方法

（1）采用在草莓采收结束后土壤消毒、高垄栽培、覆盖地膜等方法，减少危害。

（2）温室混施充分腐熟的有机肥，创造不适合野蛞蝓发生和生存的条件。

（3）清洁田园，秋季耕翻土壤破坏其栖息环境，用杂草、树叶等在棚室或菜地诱捕虫体。

（4）用黄瓜片及青菜叶子做诱饵，进行人工捕捉。

（5）药剂防治。参考蜗牛防治方法。

第五节
草害

露地育苗时杂草防治见第二章第一节。

日光温室生产杂草防治主要采取覆盖黑色地膜的方式抑制杂草萌发。覆盖地膜前主要进行人工除草。

附录1 绿色食品草莓生产技术规程

（DB21/T 3037—2018）

1 范围

本标准规定了辽宁省绿色食品草莓生产的产地环境、土壤消毒、品种选择、定植、栽培管理、病虫害防治、采收以及包装、贮存、运输。

本标准适用于绿色食品草莓生产。

2 规范性引用文件

下列文件对于本文件的应用是必不可少的。凡是注日期的引用文件，仅所注日期的版本适用于本文件。凡是不注日期的引用文件，其最新版本（包括所有的修改单）适用于本文件。

GB 2762 食品安全国家标准 食品中污染物限量

GB 2763 食品安全国家标准 食品中农药最大残留限量

GB 20287 农用微生物菌剂

NY 525 有机肥料

NY 884 生物有机肥

NY/T 391 绿色食品 产地环境质量

NY/T 393 绿色食品 农药使用准则

NY/T 394 绿色食品 肥料使用准则

NY/T 798 复合微生物肥料

3 产地环境

3.1 产地环境质量

绿色食品草莓生产的产地环境条件应符合 NY/T 391 的规定。

3.2 土壤条件

绿色食品草莓生产的土壤条件应符合 NY/T 391 的要求。地势平坦、土质疏松、有机质含量丰富、排灌方便、光照充足、土壤呈微酸或中性，质地为壤土、沙壤土、棕壤土等。

3.3 灌溉水水质条件

绿色食品草莓生产的灌溉水中有毒化合物、重金属、细菌和 pH 值应符合 NY/T 391 的要求。

3.4 空气质量指标

绿色食品草莓生产的区域空气中总悬浮颗粒物、二氧化硫、氮氧化物、氟化物应符合 NY/T 391 的要求。

4 土壤消毒

4.1 太阳能土壤消毒技术

具体操作方法：①在 7—8 月份棚室闲置期，清除棚内前茬作物和杂草，撒施基肥，以及每 667m² 撒施稻壳 500kg（或长 12cm～15cm 的碎稻草 600kg）、生石灰 7 080kg；②在 40cm～45cm 土层内翻耕土壤、耙碎，使各种材料充分混匀；③作畦，畦高 30cm～35cm，然后在畦间灌水；④覆盖地膜及大棚膜进行高温消毒，晴好天气下保持 15d～20d 即可；⑤消毒结束后撤除地膜和大棚膜，保持露地状，再翻耕土壤，待气味散去后，即可种植。

4.2 棉隆土壤消毒技术

具体操作方法：①在 7—8 月份温室闲置期，清除棚内杂草及作物残株。施基肥后，深翻土壤 25cm，耙细，使土层平整均匀。②视土壤湿度情况进行浇水，土壤含水量达到最大持水量的 60%～70% 即可。③每 667m² 均匀撒施棉隆微粒剂 15kg～20kg 后立即翻拌土壤 20cm 深，使药剂与土壤充分混匀，若需要可再次适度浇水，以保证药剂与土壤充分接触。④用质量完好的塑料膜将消毒区域封闭严实，保持气温 20℃ 以上封闭消毒 12d。⑤揭去塑料膜，在 20cm 土层内松土 1 次～2 次。⑥为使残留气体充分挥发，需将消毒区域透气 10d 左右后再栽植作物。在消毒结束后应做发芽试验，以检验残余气体是否挥发彻底。

5 品种选择

根据当地栽培方式和市场需求选择品种。促成栽培选择休眠浅的品种；半促成栽培选择休眠较深的品种；露地栽培选休眠深的品种。品种种性良好，特征、特性要整齐一致。

6　定植

6.1　良种苗标准

草莓良种苗木质量常以根的数量和长度、新茎粗度、健康展开叶片数、芽的饱满程度及是否有病虫害、机械伤作为衡量的标准，具体参数如表 1 所示。

表 1　草莓良种苗分级标准

项目		分级	
		一级	二级
根	初生根数	5 条以上	3 条以上
	初生根长	7cm 以上	5cm 以上
	根系分布	均匀舒展	均匀舒展
新茎	新茎粗	1cm 以上	0.8cm 以上
	机械伤	无	无
叶	叶片颜色	正常	正常
	成龄叶片数	4 个以上	3 个以上
	叶柄	健壮	健壮
芽	中心芽	饱满	饱满
苗木	虫害	无	无
	病害	无	无
	病毒症状	无	无

一般来说，露地栽培苗木质量可以稍低一些，达到二级标准即可。促成栽培苗木质量要求高，应达到一级标准。

6.2　定植时期

日光温室促成栽培假植苗在顶花芽分化后定植，通常是在 9 月 15 日至 9 月 25 日之间定植，非假植苗则需要在 8 月末至 9 月 10 日之间定植；早春大拱棚半促成栽培时间也在 8 月下旬至 9 月 10 日之间定植；四季品种在 8 月上中旬定植；露地栽培需在当年的 3 月中下旬至 4 月中旬或者上年的 8 月上旬定植。

6.3　定植方式

采用大垄双行的栽植方式，垄高 25cm ～ 30cm，大垄距 85cm ～ 90cm，垄 面 宽

50cm ～ 60cm，小行距 25cm ～ 30cm，株距 15cm ～ 18cm。栽植时间应选择阴天或晴天傍晚，起苗前苗圃浇透水，带土栽植。棚室栽培每 $667m^2$ 定植 8 000 株～ 10 000 株，露地栽培每 $667m^2$ 定植 10 000 株～ 12 000 株。

7 栽培管理

7.1 促成栽培管理

7.1.1 棚膜覆盖

日光温室促成栽培覆盖棚膜时间在外界最低气温降到 8℃ ～ 10℃ 的时候。一般情况下，计划提早上市和休眠浅的品种早扣棚，计划推迟上市和休眠深的品种晚扣棚。红颜等早熟品种扣棚时间在 9 月下旬至 10 月上旬；甜查理保温时间适当提前。

7.1.2 湿度管理

湿度管理是满足草莓生理需要和减少病虫害的重要环节。土壤持水量要求花芽分化期 60%、营养生长期 70%、花果期 80% 为好。温室内空气相对湿度以 70% 以下为宜，湿度过大要及时通风。灌水方法以滴灌为好，定植时浇透水，一周内要勤浇水，覆盖地膜后以湿而不涝、干而不旱为原则。

7.1.3 温度管理

温室草莓促成栽培生长发育期适宜温度为：

现蕾前：白天 26℃ ～ 28℃，夜间 15℃ ～ 18℃ ；

现蕾期：白天 25℃ ～ 28℃ ，夜间 8℃ ～ 12℃ ；

花期：白天 22℃ ～ 25℃，夜间 8℃ ～ 10℃ ；

果实膨大期和成熟期：白天 20℃ ～ 25℃，夜间 5℃ ～ 10℃。

7.1.4 植株管理

摘叶和除匍匐茎：在整个发育过程中，应及时摘除匍匐茎和黄叶、枯叶、病叶。掰茎：在顶花序抽出后，选留 1 个～ 2 个方位好而壮的腋芽保留，其余掰掉。掰花茎：结果后的花序要及时去掉。疏花疏果：花序上高级次的无效花、无效果要及早疏除，每个花序保留 7 个～ 12 个果实。

7.1.5 放养蜜蜂

温室冬天密闭不通风，没有自然昆虫传粉，应放置蜜蜂辅助授粉。在 10% 植株初花时蜜蜂入棚，入棚过早蜜蜂会由于觅粉伤害花蕊，过晚影响授粉效果，前期花少时可适量喂糖养蜂。放蜂量以平均每株一只蜂为好。

7.1.6 电照补光

一般在每年的 11 月中旬到翌年 2 月中旬，针对冬季光照不足、阴雪天较多的情况，建议应用植物补光灯补光，以维持草莓植株的生长势。每 $667m^2$ 安装植物补光灯 40 个，每个补光灯 40W，每天在日落后补光 3h ～ 4h。

7.2　半促成栽培管理

日光温室半促成栽培扣棚保温时间一般在 11 月中旬以后，除了扣棚后采取高温促苗、促花外，其他管理和促成栽培基本相同。

7.3　早熟栽培管理

棚膜覆盖：早春大拱棚栽培覆盖地膜时间为 11 月上旬，当外界气温降至最低 5℃时覆盖白地膜，封冻后地膜上可加盖秸草保温；翌年立春前后覆盖大棚膜，之后撤除垄面覆盖的秸草。

湿度管理：对于塑料大拱棚栽培管理，定植后及时灌水，覆膜前灌透水，上冻前灌封冻水，扣棚后膜下灌溉；保温后灌水总体上做到湿而不涝，干而不旱。

温度管理、植株管理、放养蜜蜂与促成栽培同。

7.4　露地栽培管理

越冬防寒：在每年 11 月上旬，一般不超过 11 月 20 日，如果没有降雨就要浇一次防冻水，适时覆盖一层塑料地膜越冬防寒，地膜两边要压实，防止透气，地膜上再压上稻草、秸秆或其他覆盖物，厚度 10cm ～ 12cm，冬季如果遭遇大风要及时把吹落的覆盖物重新归位。

去除防寒物：当春季平均气温稳定在 0℃左右时，分批去除已经解冻的覆盖物。当地温稳定在 2℃以上时，去除其他所有的防寒物。

植株管理：春季草莓植株萌发后，及时利用扫帚清理田间越冬后的枯枝败叶，结合除草，人工摘除病叶、植株下部呈水平状态的老叶、黄化叶及刚抽生的葡萄茎。

7.5　肥水管理

施肥原则按 GB 20287、NY/T 394、NY 525、NY 884、NY/T 798 规定执行。施用的肥料应选择以农家肥料、有机肥料、微生物肥料为主，不使用化学合成的肥料。

基肥：每 667m² 施农家肥 5 000kg 及氮磷钾复合肥 50kg，氮磷钾的比例以 15：15：10 为宜。

追肥：第一次追肥，顶花序现蕾时；第二次追肥，顶花序果开始膨大时；第三次追肥，顶花序果采收前期；第四次追肥，顶花序果采收后期；以后每隔 15d ～ 20d 追肥一次。追肥与灌水结合进行，每次每 667m² 施氮磷钾复合肥 10kg 或磷酸二氢钾 15kg。肥料中氮磷钾配合，液肥浓度以 0.2% ～ 0.4% 为宜，也可以用沼液代替液肥；喷施的叶面肥可用高效液体有机复合肥、生物菌肥等。二氧化碳气体施肥在冬季晴天的午前进行，释放时间 2h ～ 3h，浓度 700mg/L ～ 1 000mg/L。

定植时浇足封窝水，在每年春季现蕾期结合施肥灌水，花果期根据土壤持水量确定是否浇灌，建议采用膜下滴灌。

8　病虫害防治

8.1　农业防治

选用抗病虫性强的品种是经济、有效的防治病虫害的措施。使用脱毒种苗是防治草莓病毒病的基础。 此外，使用脱毒原种苗可以有效防止线虫危害发生。发现病株、叶、果，及时清除烧毁或深埋；收获后深耕 40cm，借助自然条件，如低温、太阳紫外线等，杀死一部分土传病菌；深耕后利用太阳能进行土壤消毒；合理轮作。

8.2 生物防治

扣棚后当白粉虱成虫在 0.2 头 / 株以下时，每 5d 释放丽蚜小蜂成虫一次，每株 3 头，共释放 3 次；自花果期开始，释放捕食螨用于防治红蜘蛛、蓟马、白粉虱等，每月释放一次，整个生长季释放捕食螨 3 次 ~ 4 次。

8.3 物理防治

黄板诱杀白粉虱和蚜虫：每 $667m^2$ 挂 30 块 ~ 40 块，挂在行间。当板上粘满白粉虱和蚜虫时，或 40d 左右更换一次。

阻隔防蚜：在棚室放风口处设防止蚜虫进入的防虫网。

驱避蚜虫：在棚室放风口处挂银灰色地膜条驱避蚜虫。

8.4 化学防治

农药种类选择及安全使用标准参照 NY/T 393 执行。防治同一种病害时不同药剂应交替使用，以免产生抗药性；在光照不足或阴雨天气，棚室生产可采用烟熏剂熏蒸，以降低棚内湿度；在干燥晴朗天气可喷雾防治。

9 采收

9.1 果实采收要求

绿色食品草莓鲜果采收要求应符合 GB 2762 和 GB 2763 要求。严格执行农药安全间隔期及施药次数，喷施药剂安全间隔期内不允许采摘果实。

9.2 采收时间

根据草莓果实的成熟度决定采收时间。一般以果实表面着色 70% 以上时开始采收，鲜食的一般以八成熟采收为宜，远距离销售的一般七八成熟时采收为宜，采摘和即食的可以全熟时采收，露地加工一般处于八成熟和全熟之间的鲜果要一起采收。采收在清晨露水已干或傍晚转凉后进行，露地由于果实成熟期较集中，所以根据生产要求和天气情况，尽量延长采收时间，及时将成熟的鲜果采收。

9.3 采收方法

设施草莓鲜果采收：鲜果采收时用拇指和食指掐断果柄，手指尽量不触碰果面，将果实按大小分级摆放于容器内，轻拿轻放，采摘的果实要求果柄短，不损伤花萼，无机械损伤，无病虫危害。具备包装条件的，可以混等采收，将鲜果集中到包装车间，进行二次分装，按照果实的分级标准进行分拣、装盒，包装盒底部要平、内壁光滑，内垫海绵或其他的衬垫物，每个盒装满果实后上盖海绵垫，避免果实运输过程中碰伤。

露地鲜果采收：一般采取田间地头放塑料筛，田间拉排式摘果，利用手提式 10kg 桶装果，然后集中到地头的塑料筛之中，堆放于地头，遮盖遮阳网，鲜果当天运到加工厂，不过夜。

10　包装、贮存、运输

10.1　包装

草莓包装应以小包装为基础，大小包装配套。包装材料符合国家要求，作为加工原料送往加工厂的，一般用塑料果箱装运，果箱规格为 700mm×400mm×100mm，装果量不超过 10kg，一般装果 4 层～5 层，并要求在果箱内留 3cm 空间，以免各箱叠起装运时压伤果实。市场鲜销的草莓果实采用小包装，可以用纸盒或薄木片盒包装，每盒装果 0.5kg～1kg，也可以用小塑料盒包装，每盒装果 150g 左右。然后再把小包装装入纸箱内。纸箱规格为 400mm×300mm×102mm；每箱装 32 个小包装。

同批货物的包装标志在形式和内容上应统一。每一包装上应标明产品名称、产地、采摘日期、生产单位名称，标志上的字迹应清晰、完整、准确。对已获准使用地理标志或绿色食品标志的，可在其产品或包装上加贴地理标志或绿色食品标志。精品草莓应按同品种、同规格分别包装。同批草莓其包装规格、质量应一致。内包装采用符合食品卫生要求的纸盒或塑料小包装盒。外包装箱应坚固抗压、清洁卫生、干燥无异味、对产品具有良好的保护作用，有通风气孔。

10.2　贮存

在 12 月至翌年 2 月份，草莓鲜果在常温下可保鲜 4d～6d；3 月份以后草莓鲜果最好要随采随销，临时运销困难时，可将包装好的草莓放入通风凉爽的库房内，可保鲜 1d～2d。如果长时间存放，就需冷库贮藏。库温维持在 0℃～2℃恒温，可贮存 7d～10d，还可采用气调贮藏法。草莓浆果气调贮藏的适宜气体成分是：二氧化碳 3%～6%，氧 3%，氮 91%～94%。当二氧化碳浓度提高到 10% 时，果实软化，风味变差。气调贮藏草莓的时间为 10d～15d。

10.3　运输

草莓鲜果运输要用冷藏车或有篷卡车，途中要防日晒，行驶中速，以减少颠簸。远途运输时草莓鲜果需在气调库内预冷 6h～12h。草莓运输过程中应遵循小包装、少层次、多留空、少挤压的原则。

附录2 草莓脱毒种苗生产技术规程

（T/DGSS 001—2016）

1 范围

本标准规定了草莓脱毒种苗生产的术语和定义、要求、种苗生产、种苗贮存等内容。本标准适用于辽宁省范围内草莓脱毒种苗的生产。

2 规范性引用文件

下列文件对于本文件的应用是必不可少的。凡是注日期的引用文件，仅所注日期的版本适用于本文件。凡是不注日期的引用文件，其最新版本（包括所有的修改单）适用于本文件。

　　NY 5104—2002　无公害食品草莓产地环境条件

　　NY/T 391—2013　绿色食品产地环境质量

　　NY/T 496—2010　肥料合理使用准则通则

3 术语和定义

3.1 原原种苗

是指草莓植株经过脱毒后扩繁的达到移栽成活的无病毒草莓植株。

3.2 原种苗

原原种苗经过田间繁育而产生的子苗。

3.3 种苗

指经脱毒技术处理，确认脱除了病毒（草莓斑驳病毒、草莓镶脉病毒、草莓轻型黄边病毒）的草莓植株经过田间繁育的无病虫害的健壮生产用苗，或者田间选取种性优良的母株，经扩繁产生的健壮生产用苗。

4 要求

4.1 产地环境

4.1.1 总则

草莓脱毒种苗的产地环境条件应符合 NY 5104—2002、NY/T 391—2013 的规定。

4.1.2 土壤条件

草莓脱毒种苗的土壤条件应为地势平坦、土质疏松、有机质含量丰富、pH 值在 5.5～6.5 之间的微酸性土壤且两年内未栽植过草莓的地块。生产作物的土壤应不含有毒矿物质及高残留农药，其主要技术指标应符合表 1 的规定。

4.1.3 灌溉水质条件

灌溉水的主要技术指标应符合表 2 的规定。

4.1.4 环境空气条件

环境空气质量应符合表 3 的规定。

表 1

项目	指标（mg/kg）（≤）		
	pH ≤ 6.5	6.5 < pH ≤ 7.5	pH > 7.5
总汞	0.3	0.5	1.0
总砷	40	30	25
总铅	250	300	350
总镉	0.3	0.3	0.6
总铬	150	200	250
六六六	0.5	0.5	0.5
滴滴涕	0.5	0.5	0.5

表 2

项目	指标	项目	指标
氯化物（mg/L）≤	250	铬（六价）（mg/L）≤	0.1
氰化物（mg/L）≤	0.5	铅（mg/L）≤	0.1
氟化物（mg/L）≤	3.0	石油类（mg/L）≤	10
总汞（mg/L）≤	0.001	镉（mg/L）≤	0.005
砷（mg/L）≤	0.1	pH	5.5～8.5

表 3

项目	浓度限值（≤）	
	日平均	1h 平均
总悬浮颗粒物（标准状态）（mg/m³）	0.30	—
二氧化硫（标准状态）（mg/m³）	0.15	0.50
氮氧化物（标准状态）（mg/m³）	0.12	0.24
氟化物（μg/m³）	月平均10	
铅（μg/m³）	季平均1.5	

4.2 施肥

4.2.1 施肥原则

按 NY/T 496—2010 的规定执行。施用的肥料应是在农业行政主管部门已经登记或免于登记的肥料和各种农家肥，限制使用含氯复合肥。不准施用未经无害化处理的废弃物制成的肥料。

4.2.2 允许使用的肥料种类

4.2.2.1 有机肥料

包括堆肥、沤肥、厩肥、沼气肥、绿肥、作物秸秆肥、泥炭肥、饼肥、腐殖酸类肥、人畜废弃物加工而成的肥料等。

4.2.2.2 微生物肥料

包括微生物制剂和微生物处理肥料等。

4.2.2.3 无机肥料

包括氮肥、磷肥、钾肥、硫肥、钙肥、镁肥及复合（混）肥等。

4.2.2.4 叶面肥

包括大量元素类、微量元素类、氨基酸类、腐殖酸类等肥料。

4.3　病虫害防治原则

4.3.1　农艺措施

利用脱毒组培种苗并培育壮苗，加强栽培管理，科学调控温、湿、光、肥条件，坚持人工中耕除草、清洁田园、轮作倒茬或利用太阳能高温土壤消毒、间作套种等一系列措施起到防治病虫的作用。还应尽量利用灯光、色彩诱杀害虫，机械捕捉害虫，人工防治病虫害。

4.3.2　允许使用的药剂

化学杀虫剂、杀螨剂、杀菌剂、除草剂和选择性的植物生长调节剂（赤霉素、6-苄氨基嘌呤），以及使用生物源农药中混配有机合成农药和各种制剂。

4.3.3　禁止使用的药剂

禁止使用剧毒、高毒、高残留或者具有致癌、致畸、致突变的农药。

5　种苗生产

5.1　原原种苗的生产

5.1.1　匍匐茎取样时间

日光温室在 12 月中旬翌年 5 月中旬；早春大拱棚在 5 月上中旬；露地在 6 月上中旬。

5.1.2　取材

取材一般在长势良好、没有病虫害的生产田里进行，不在种苗田选取。在长势健壮、结果多、果形正，具有品种典型性状的植株上选取相对粗壮且第一片叶原基刚展开的匍匐茎，掐取前端 3cm ～ 4cm，放在漏筐里用自然水冲洗干净。

5.1.3　杀菌消毒

先将冲洗好的匍匐茎用 75% 酒精进行消毒，时间一般为 30s（依材料粗嫩度及选取季节灵活掌握）。倒出酒精后，用 0.1%HgCl$_2$ 溶液浸泡 8min ～ 10min（依材料粗嫩度及选取季节灵活掌握）。将 HgCl$_2$ 溶液倒出，用无菌水冲洗 2 遍～ 3 遍。

5.1.4　芽的诱导与增殖

将处理后的无菌材料，用尖镊子剥叶，露出生长点，用刀切取 0.2mm ～ 0.5mm 大小的茎尖，放到诱导培养基 MS+6-BA（6-苄氨基嘌呤）0.3mg/L ～ 0.5mg/L 中进行初代培养。培养室温度一般 25℃，光照度 2 000lx ～ 3 000lx，每日光照 12h。诱导时间为 40d ～ 60d。

5.1.5　继代培养及病毒检测

将诱导出的丛生芽接到增殖培养基 MS+6-BA　0.2mg/L ～ 0.4mg/L+IBA（吲哚丁酸）0.01mg/L 中进行继代培养。

当小芽长出叶片后，将带有叶片的小芽转移到成苗培养基上（6-BA　0.2mg/L，GA$_3$　0.1mg/L，IBA　0.02mg/L，含蔗糖 30g/L，琼脂 7g/L），培养 2 个月后分化成苗丛。从苗丛上剪取叶片进行病毒检测，淘汰感染病毒的苗丛，保留脱毒苗丛。

温度、光照和其他管理如初代培养一样，一般 30d 左右可以继代分瓶一次，根据品种数量确定扩繁次数。要控制植物生长调节剂含量不宜过大，通常情况下 6-BA < 0.6mg/L、IBA < 0.01mg/L，继代为 7 次～10 次，不能超过 10 次。

5.1.6　生根培养

为促进继代苗生根，可用 1/2MS 培养基，要调整增殖培养基植物生长调节剂含量。用 MS+6-BA 0.1mg/L～0.2mg/L+IBA 0.1mg/L～0.2mg/L 培养继代苗，20d～30d 后，将生根大苗（高约 5cm）取出来扦插，小苗继续培养，边扩繁边生根。

5.1.7　移栽驯化

将生根后的瓶苗取出，洗净其根部培养基，扦插到温室里装有基质的穴盘中驯化。基质选用草炭土、珍珠岩、蛭石，比例为 4：2：1。扦插后，用小眼喷壶浇水，起拱，覆盖塑料薄膜，膜内空气湿度达到 100%，10d 后适当放风。驯化初期温度应控制在夜温 5℃～10℃，白天温度 25℃以下，苗生根前可以利用遮阳网覆盖，防止太阳光灼伤。草莓苗生根后温度根据移栽时间适当调整。穴盘土保持湿润，注意防虫防病及时拔出杂草。

5.1.8　水肥管理

组培苗扦插后，每天或隔天浇水，保持营养钵内土壤持水量 70%～80%，经过 15d 后去掉薄膜。扦插成活后可叶面追施复合肥（N6.5%、P6%、K19%）2 次～3 次，$1m^2$ 床面浇灌 0.3% 复合肥 1.5kg。经过 2 个月后，可培养到具有 3 片以上新叶、根长达到 5cm 以上且不少于 5 条的标准原原种苗。

5.1.9　病毒检测

5.1.9.1　检测要求

脱毒原原种苗要在网室中保存，每年春季要对原原种苗再进行一次检测，淘汰感染病毒的植株。

5.1.9.2　检测对象

病毒检测对象包括草莓镶脉病毒（*Strawberry vein banding virus*, SVBV）、草莓轻型黄边病毒（*Strawberry mild yellow virus*, SMYEV）和草莓斑驳病毒（*Strawberry mottle virus*, SMoV）。

5.1.9.3　检测方法

利用 CTAB 法或商业出售的植物 RNA 提取试剂盒，从草莓植株提取总 RNA，采用 RT-PCR 技术对草莓植株是否宿有 SVBV、SMYEV、SMoV 进行检测，病毒检测引物见附录 A。

5.1.9.4　检测时期及取样部位

茎尖分化成苗后即可进行病毒检测，亦可在试管苗移栽至田间后进行检测，取样部位为叶片。

5.1.9.5　结果判定

将 RT-PCR 产物在 1.5% 琼脂糖凝胶中电泳，电泳结束后置于 UV 灯下观察拍照。检测时设阳性、阴性植株对照，阳性对照植株应扩增出预期大小的单一目的条带，而阴性对照植株扩不出任何条带。如果样品扩增出与阳性对照位置相同的目的条带，则检测结果呈阳性，即判定该样品携带病毒；如果样品未扩增出目的条带，则检测结果呈阴性，应进行复检。

如果样品未检测到本标准规定的脱毒对象，且没有表现任何病毒病症状，则视为已经脱毒。

5.2　原种苗的生产

5.2.1　育苗圃选择

育苗圃应符合本标准 4.1.2 的规定。

5.2.2　土壤处理

翻旋耕层 30cm～35cm，同时每亩施入敌百虫 2kg（碾碎）、腐熟农家肥 4 000kg～5 000kg、磷酸二铵 15kg、硫酸钾肥 15kg，旋地前均匀撒于地表，随旋地翻到土里。

5.2.3　栽苗时间

一般在外界夜间温度稳定在 3℃～5℃时可以栽苗，原原种苗栽培过早易造成冻害。辽宁地区一般在 4 月上中旬栽植。

5.2.4　作畦、定植

平整土地，打垄作畦。畦宽 1.5m～2.2m，畦高 20cm～25cm，将炼苗成活后的原原种苗带土坨定植于垄中间或一侧，单行栽植，苗心与土面平，栽后马上浇水。根据种苗繁育系数不同，一般每株草莓苗占地 0.8m～1.0m。年降水量低于 500mm 的地区，可采取低畦育苗，利于浇水灌溉。

5.2.5　水肥管理

适时浇水和排涝，结合松土一并除草。缓苗后，用敌百虫 1 000 倍液叶面喷施或者灌根处理。土壤缺水应以喷灌为主，湿度保持在 85% 左右。定植后，匍匐茎开始抽生，要及时领蔓、压土。视种苗缺肥状况，适量水施或叶面喷施追肥。7 月份进入高温季节后，减少氮肥，增施钾肥，以培育壮苗为主。不抗病的品种，一般在 6 月中旬后，叶面喷施杀菌剂，间隔 7d～10d 喷 1 次。

5.2.6　适龄原种苗

成龄叶片 3 片以上，初生根 5 条以上，新茎粗 0.6cm～0.8cm，根系分布均匀舒展，叶片正常，新芽饱满，无机械损伤，无病虫害。

5.2.7　越冬防寒

在封冻前利用地膜覆盖草莓苗越冬，地膜上覆盖稻草等防寒。如果封冻前田间干燥，可灌封冻水。

5.3　种苗生产

5.3.1　原种苗的选择

良种苗的母苗——原种苗要求为生长健壮，具有 3 片以上展开叶、5 条以上长达 5cm 左右根系，茎粗达 0.7cm 以上且无病虫感染、无冻害的优质种苗。

5.3.2 繁苗圃选择

应符合本标准 4.1.2 的规定。

5.3.3 土壤处理

应符合本标准 5.2.2 的规定。

5.3.4 栽苗时间

草莓繁殖田的栽植时期辽宁地区一般在 3 月中旬至 4 月中旬，土壤化冻后立即进行，此时草莓苗即将由休眠期向萌动期过渡，未进入旺盛活动期，移栽成活率和繁苗系数高。

5.3.5 作畦、定植

春季日平均气温达到 10℃ 以上时定植母株。畦宽 1.5m，畦高 15cm ~ 20cm，单行栽植，栽植密度应保证每株原种母苗有 0.5m² ~ 0.8m² 的繁殖面积。秋季用于生产，母苗占地面积不宜过大。

5.3.6 赤霉素处理

6 月份期间，母株生长前期，刚抽匍匐茎时可喷 50mg/kg ~ 100mg/kg 赤霉素溶液 1 次 ~ 2 次，间隔 7d ~ 10d，每株喷 5mL ~ 10mL，重点喷心叶，选晴天中午温度高时喷施。对于繁殖力强的品种，可不喷赤霉素。

5.3.7 摘除老叶、病叶、花序与领蔓压土

新栽的秧苗长出新叶后，应及时摘除干枯老叶、病叶；草莓匍匐茎与花序为同源器官，应将花序全部摘掉，减少养分消耗，以促发匍匐茎；领蔓使匍匐茎分布均匀，避免交叉缠绕；匍匐茎伸出长至一定长度出现幼苗时，将其伸直摆正，用土压住幼苗基部，促进发根，提高幼苗繁殖系数。一般每亩地繁苗量依据品种的特性而定，植株高大型如红颜、卡尔特 1 号，应控制在 3 万株以内，植株较小的如甜查理，应控制在 4 万株以内。

5.3.8 肥水管理

草莓为浅根系植物，不耐旱，故在苗期管理上浇水至关重要。6 月以前，土壤宜干旱，应根据情况决定灌水时间和次数，要求小水勤浇，切忌大水漫灌，最好安装喷灌设施。雨季应注意排水防涝。生育期间进行多次中耕除草，保持土壤疏松。6—7 月进入匍匐茎盛发期，施肥应把握薄肥勤施，每 2 周 ~ 3 周随浇水追一次氮磷钾复合肥，每亩用量 10kg ~ 15kg，或结合病虫害防治每 10d 喷一次 0.2% ~ 0.3% 磷酸二氢钾或尿素溶液。7 月份以后应控制氮肥的施用以降低氮素营养水平，利于花芽分化。

5.3.9 中耕除草

生长前期要经常进行中耕除草，提高地温，保持墒情，促进子苗及早进入旺盛生长期，生长中后期要及时人工除草。

5.3.10 标准良种苗

草莓良种苗木质量常以根的数量和长度、新茎粗度、健康展开叶片数、芽的饱满程度及是否

有病虫害、机械伤作为衡量的标准，具体参数应符合表 4 的规定。

表 4

项目		分级	
		一级	二级
根	初生根数	5 条以上	3 条以上
	初生根长	7cm 以上	5cm 以上
	根系分布	均匀舒展	均匀舒展
新茎	新茎粗	1cm 以上	0.8cm 以上
	机械伤	无	无
叶	叶片颜色	正常	正常
	成龄叶片数	4 个以上	3 个以上
	叶柄	健壮	健壮
芽	中心芽	饱满	饱满
苗木	虫害	无	无
	病害	无	无
	病毒症状	无	无

5.3.11　病虫害防治

早春季节 5—6 月病害较轻，应注意防治蚜虫和线虫，消灭病毒传播媒介，定期喷洒抗蚜威、吡虫啉、敌百虫可防治大部分虫害。苗期螨害可选用炔螨特或哒螨灵等加以防治。对蛴螬、金针虫、蝼蛄、金龟类等地下虫害可选用乐斯本、白僵菌进行防治。种苗 7—8 月旺盛生长期恰逢高温多雨天气，这期间要重点防治草莓叶斑病和炭疽病等各种真菌、细菌性病害，应每 10d ~ 15d 喷一次丁香芹酚、甲基托布津、百菌清、溴菌腈、农抗 120 等药剂进行防治。夏季如遇干旱少雨的反常天气，还应选用醚菌酯、乙嘧酚等药剂对草莓白粉病进行防治。

6　种苗贮存

6.1　自然贮藏

在自然条件下，每年采取露地越冬防寒贮藏种苗，在每年的 11 月上中旬，将种苗基地浇灌足量封冻水，苗上覆盖白色地膜保温保湿，同时采取针对不同品种添加秸秆等覆盖物防冻的越冬措施；第二年春天土壤化冻时适期出售草莓苗。

6.2　设施假植贮藏

利用塑料拱棚，将露地繁育的标准苗装营养钵或者假植在塑料棚内进行暂养，以备明年育苗对种苗的需求。

6.3　气调库贮藏

每年冬季在封冻前，将露地繁育的标准苗从田间起出后，去除老、病叶，每50株一捆，用塑料薄膜封严，装入塑料框内，每框800株～1 000株，分品种顺序摆放于气调库内，在−2℃～0℃条件下贮藏，可以随时满足市场对种苗的需求。

附录 A

（规范性附录）

草莓病毒 PCR 检测引物序列及扩增产物大小

病毒名称	引物序列（5′→3′）	产物（bp）
草莓轻型黄边病毒（SMYEV）	P1:GTGTGCTCAATCCAGCCAG P2:CATGGCACTCATTGGAGCTGGG	271
草莓斑驳病毒（SMoV）	P1:TAAGCGACCACGACTGTGACAAAG P2:TCTTGGGCTTGGATCGTCACCTG	219
草莓镶脉病毒（SVBV）	P1:GAATGGGACAATGAAATGAG P2:AACCTGTTTCTAGCTTCTTG	278

附录 3 东港红颜（99）草莓质量等级标准

（T/OTOP CP006—2019）

1 范围

本标准规定了辽宁省丹东市东港市地理辖区内出产的初级鲜食红颜(99)草莓的等级规格要求、试验方法、检验规则、包装和标识。

本标准适用于辽宁省丹东市东港市出产的鲜食红颜(99) 草莓。

2 规范性引用文件

下列文件中的条款通过本标准的引用而成为本标准的条款。凡是注日期的引用文件，其随后所有的修改单（不包括勘误的内容）或修订版均不适用于本标准。凡是不注日期的引用文件，其最新版适用于本标准。

GB 2762 食品安全国家标准 食品中污染物限量

GB 2763 食品安全国家标准 食品中农药最大残留限量

GB/T 8855 新鲜水果和蔬菜取样方法

NY/T 1778 新鲜水果包装标识通则

T/OTOP 1001 中国一乡一品产品评价通则

3　要求

3.1　基本要求

——基地附近无污染源；环境整洁；

——田间长势良好；棚内温、湿、气环境调控得当；果实发育正常；安全用药到位，无药斑；

——果形完好，外观新鲜，无可见异物，无严重机械损伤，无病虫害伤口和斑点；

——无腐烂变质、无异常外部水分、无异味；

——萼片、果梗鲜绿；

——有包装箱、设计美观、文字规范、搬运方便；

——果实的污染物限量应符合 GB 2762 的规定，农药最大残留量应符合 GB 2762 及其他有关国家法律法规的规定。

——果实硬度 1.5kg/cm²（小浆果专用硬度计）。

3.2　等级划分

在符合基本要求的前提下，草莓分为 AAA 级、AA 级、A 级、B 级 4 个等级。

3.2.1　AAA 级

——外观光亮。除不影响产品整体外观、品质、保鲜及其在包装中摆放的非常轻微的表面缺陷外，无其他缺陷。

——果形呈圆锥形，无畸形果；

——肉眼难发现存在未着色果面；

——肉眼难发现存在表面压痕；

——可溶性固性物含量（含糖量果尖 1cm 处）≥ 10 白利度；

——果重 ≥ 45g。

3.2.2　AA 级

外观无泥土。

允许有不影响产品整体外观、品质、保鲜及其在包装中摆放的下列轻微缺陷：

——不明显的果形缺陷（但无肿胀或畸形）；

——未着色面积不超过果面的 1/10；

——轻微表面压痕；

——可溶性固性物含量（含糖量果尖 1cm 处）≥ 10 白利度；

——果重 ≥ 30g。

3.2.3　A 级

不满足特级和一级要求，但满足基本要求的草莓。在保持品质、保鲜和摆放方面基本特征前提下，允许下列缺陷：

——果形缺陷，畸形果 ≤ 1%；

——未着色面积不超过果面的 1/5；

——不会蔓延的、干的轻微擦伤；

——轻微的泥土痕迹；

——可溶性固性物含量（含糖量果尖 1cm 处）≥ 10 白利度；

—— 果重 ≥ 20g。

3.2.4　B 级

——果形端正；

——无碰压伤和手压伤；

——无泥土痕迹；

——果重 ≥ 10g。

3.4　容许（忍）度

3.4.1　特级可有不超过 5%（以数量或重量计）的草莓不满足本级要求，但应满足一级要求，其中机械伤果不超过 2%。

一级可有不超过 10%（以数量或重量计）的草莓不满足本级要求，但应满足二级要求，其中机械伤果不应超过 2%。

二级可有不超过 10%（以数量或重量计）的草莓不满足本级要求，但腐烂、严重擦伤和严重虫伤果实除外，其中机械伤果不应超过 2%。

3.4.2　规格容许（忍）度

所有等级均可有 10%（以数量或重量计）的草莓不满足规格要求。

4　检验方法

用精度为 0.1g 的天平称量果实大小。将样品置于自然光下，用鼻嗅和品尝的方法检测异味，其余指标由目测或用量具测量确定。当果实外部表现有病虫害症状或对果实内部有怀疑时，应检取样果剖开检验。

一个果实同时存在多种缺陷时，仅记录最主要的一种缺陷。不合格率按式（1）计算，结果保留一位小数。当不合格果实的量用质量表示时，用精度为 0.1g 的天平进行称量。

$$X = \frac{m_1}{m_2} \times 100\%$$

(1)

式中：X——不合格率（%）；

　　　m_1——不合格果总量（g 或个）；

　　　m_2——检验样本总量（g 或个）。

5 抽样规则

5.1 抽样批次

同一生产基地、同一品种、同一成熟度、同一批采收的产品为一个检验批次。

5.2 抽样方法

按 GB/T 8855 规定执行。

6 包装

符合 NY/T 1778 的要求。

包装不应对草莓造成损伤，包装内不得有异物。

每个包装内的草莓均应产地、品种和等级相同，色泽和大小一致。包装内容物的可看见部分应代表整个包装的情况。

包装材料应新鲜、洁净、无异味，不会对产品造成外部的或内在的损伤。包装材料特别是提供贸易规格信息的说明书和标签，其印刷和粘贴应使用无毒的油墨和胶水。

草莓应摆放整齐。

7 标识

应在各包装的同一侧的外面，标明产品名称、品种、产品执行标准编号、等级、大小、数量（个数或净含量）、生产单位和详细地址、产地及采收、包装日期等，要求字迹清晰、完整、准确。同一批货物的包装标志，在形式和内容上应完全统一。

内包装材料采用符合食品卫生要求的材质。外包装箱应坚固耐用、清洁卫生、干燥无异味、对产品具有良好的保护作用，有通风气孔。

AAA 级草莓、AA 级草莓、A 级草莓、B 级草莓应在产品包装上附着二维码追溯标签，应能实现从消费者一端追溯到实际的生产位置（大棚或地块）和生产者（农户）。

附录 4　地理标志证明商标　东港草莓

（T/DGSS 002—2024）

1　范围

本文件规定了东港草莓的术语和定义、地理标志证明商标保护范围、要求、试验方法、检验规则、包装、标识、运输和贮存。

本文件适用于地理标志证明商标　东港草莓。

2　规范性引用文件

下列文件中的内容通过文中的规范性引用而构成本文件必不可少的条款。其中，注日期的引用文件，仅该日期对应的版本适用于本文件；不注日期的引用文件，其最新版本（包括所有的修改单）适用于本文件。

GB 2762—2022　食品安全国家标准　食品中污染物限量

GB 2763—2021　食品安全国家标准　食品中农药最大残留限量

GB 3095—2012　环境空气质量标准

GB 4806.7—2016　食品安全国家标准　食品接触用塑料材料及制品

GB 4806.8—2022　食品安全国家标准　食品接触用纸和纸板材料及制品

GB 5084—2021　农田灌溉水质标准

GB 12456—2021　食品安全国家标准　食品中总酸的测定

GB 15618—2018　土壤环境质量　农用地土壤污染风险管控标准（试行）

NY/T 444—2001　草莓

NY/T 1778—2009　新鲜水果包装标识　通则

NY/T 2009—2011　水果硬度的测定

NY/T 2637—2014　水果和蔬菜可溶性固形物含量的测定　折射仪法

DB21/T 1383—2017　设施草莓生产技术规程

3　术语和定义

下列术语和定义适用于本文件。

3.1　东港草莓 donggang strawberry

在本文件规定的保护范围内，按照设施草莓生产技术规程生产并达到相应质量要求的红颜（九九）草莓果实。

4　地理标志证明商标保护范围

东港草莓地理标志证明商标保护范围限于原国家工商行政管理局"东港草莓"证明商标批准范围，即鸭绿江入海段以西，黄海北岸东经 123°20′ 至 124°20′ 和北纬 39°50′ 至 40°10′ 之间；或以公路丹东市→长安镇→蓝旗镇→龙王庙镇→黑沟镇→花园乡沿线以南范围；或以山河东界鸭绿江，沿大孤顶山→鹿登沟山→土门水库→大洋河→罗圈背山→刁家坝水库以南地区，辽宁省东港市行政区内。东港草莓地理标志证明商标保护范围见附录 A。

5　要求

5.1　自然环境

东港市位于辽东半岛东端，地处黄海北部海岸，鸭绿江入海口，隶属于辽宁省丹东市，属北温带湿润地区大陆性季风气候，受黄海影响，具有海洋性气候特点，冬无严寒，夏无酷暑，四季分明，雨热同季。正常年景年平均气温 8.4℃，无霜期 182d，结冻期 147d，降水量 800mm～1 200mm，日照时数 2 484.3h。位于北纬 40°的黄金水果种植区域，因为充足的光照、适宜的昼夜温差，肥沃的土壤，以及无污染的天然山泉水，让东港市成为全球最适合生产草莓的地区之一。

5.2　产地空气环境质量

应符合 GB 3095—2012 的规定。

5.3　产地农田灌溉水质量

应符合 GB 5084—2021 的规定。

5.4　产地土壤质量

土壤中污染物含量应等于或者低于 GB 15618—2018 中表 1 和表 2 规定的风险筛选值。

5.5　种植技术

按 DB21/T 1383—2017 规定执行。

5.6　果品质量

5.6.1　感官要求

应符合表 1 的规定。

表 1　感官要求

项目	等级			
	AAA	AA	A	B
外观品质	果形完好，带新鲜萼片，果实新鲜清洁，有红颜（99）草莓特有的清香；无腐烂变质、无异味、无不正常外来水分；无可见异物，无病虫害伤口和斑点；具有适合市场或贮存要求的成熟度			
	允许有非常轻微的表面缺陷	允许有不明显的果形缺陷以及肉眼难发现的表面压痕	允许有不会蔓延的、干的轻微擦伤	
果形和色泽	果实呈圆锥形、呈鲜红色、富有光泽			
果实着色度 a（%）≥	70			
单果重（g）≥	45	30	18	10
碰压伤	无明显碰压伤，无汁液浸出			
畸形果实（%）≤	0	1	3	5

a 根据合同或市场需求，果实着色度可以低于本文件要求。

5.6.2　理化指标

内在品质理化指标应符合表 2 的规定。

表 2　内在品质理化指标

项目	要求
可溶性固形物（%）≥	8
硬度（kg/cm²）≥	0.4
总酸量（%）	0.2～0.7

5.6.3 卫生指标

5.6.3.1 污染物限量

应符合 GB 2762—2022 的规定。

5.6.3.2 农药最大残留限量

应符合 GB 2763—2021 的规定。

6 试验方法

6.1 感官要求

按 NY/T 444—2001 第 6 章中 6.1 的规定执行。

6.2 可溶性固形物

按 NY/T 2637—2014 的规定执行。

6.3 硬度

按 NY/T 2009—2011 的规定执行。

6.4 总酸量

按 GB 12456—2021 的规定执行。

6.5 污染物限量

按 GB 2762—2022 的规定执行。

6.6 农药最大残留限量

按 GB 2763—2021 的规定执行。

7 检验规则

7.1 组批规则

同等级一次采收或收购的草莓作为一个检验批次。

7.2 抽样方法

从同批草莓的不同位置和不同层次按表 3 规定的数量随机抽样。

表 3　抽检草莓取样件数

批量草莓中同类包装件数	抽检草莓取样件数
≤ 50	2
51 ~ 100	3
101 ~ 300	5
301 ~ 500	7
501 ~ 1 000	9
≥ 1 000	12

7.3　允许度

7.3.1　各级草莓允许度规定允许的不合格果只能是临级果，不允许隔级果。

7.3.2　允许度的测定以检验全部抽检包装箱的平均数计算百分率，一般以重量计算，如包装规定以果实个数为草莓规格时，应以数量计算允许度的百分率。

7.3.3　各级草莓不完全符合表 1 所列等级规定的各项指标，允许有下列规定的允许度：

a)AAA 级可有不超过 3% 的草莓不满足本级要求；

b)AA 级可有不超过 5% 的草莓不满足本级要求；

c)A 级可有不超过 10% 的草莓不满足本级要求；

d)B 级可有不超过 15% 的草莓不满足本级要求。

7.4　检验分类

7.4.1　交收检验

每批产品交收前应进行交收检验，交收检验项目为本文件 5.6.1 规定的项目及标识。

7.4.2　型式检验

型式检验项目为本文件第 5 章 5.6 规定的项目。有下列情形之一者应进行型式检验：

a) 前后两次抽样检验结果有较大差异时；

b) 因人为或自然因素使生产环境发生较大变化时；

c) 国家质量监督机构提出型式检验要求。

7.5　判定规则

7.5.1　交收检验应在草莓采摘后 12h 内进行，以单果重、果实形状、色泽等感官指标为定级指标。

7.5.2　经检验全部指标符合本文件要求时，判定为合格品。如有指标不合格时，可在同批次产品中加倍抽样，对不合格项进行复检，以复检结果为准。

7.5.3　卫生指标不合格判定为不合格品，并不得复检。

8 包装、标识、运输和贮存

8.1 包装、标识

8.1.1 应符合 NY/T 1778—2009 的规定。

8.1.2 直接接触草莓的塑料及其制品应符合 GB 4806.7—2016 的规定。

8.1.3 直接接触草莓的纸及其制品应符合 GB 4806.8—2022 的规定。

8.1.4 获得批准的企业，可以在其包装上使用地理标志专用标志。

8.2 运输和贮存

8.2.1 运输

8.2.1.1 运输工具应清洁、卫生、干燥，无异味。

8.2.1.2 不得与有毒、有害物品混运。

8.2.1.3 长途运输宜采用冷藏车辆。

8.2.2 贮存

8.2.2.1 果实采收后宜在 10℃～15℃环境中预冷 10h～12h，存放在 0℃～2℃的冷库中。若无冷藏条件，可存放在通风、凉爽的仓库中。

8.2.2.2 库房应无异味，不得与有毒有害物品混合存放。

8.2.2.3 在冷库中，包装的果实不得直接着地或靠墙，垛间应留有通道。

附 录 A （规范性）

东港草莓地理标志证明商标保护范围（略）